基礎からわかる

おいしいブドウ栽培

小林和司
［著］

農文協

まえがき

ブドウ業界では昨今、シャインマスカットの登場により空前の活況を呈している。食味がよく皮ごと食べられるこの品種は、消費者の心をがっちりと掴み、国内のみならず海外においても需要が急拡大している。また、シャイン人気に牽引されて、ブドウ全体の消費量の増加、シャインに続く新品種の開発競争など、産業界全体に画期的で大きな流れがやってきている。今まさに、ブドウの消費をさらに拡大させ、外国に対しては高品質な日本ブランドをＰＲし定着させる絶好の機会でもあるといえる。

生食用利用が主体のわが国では、多様な品種構成と房づくりや摘粒、植調剤の利用などきめ細かな栽培技術により、美味で外観も優れた素晴らしいブドウが生産されている。ＴＰＰや日欧ＥＰＡ締結によりブドウの関税は撤廃され、外国産との競争は避けられない状況になっているが、経営規模が小さいわが国としては「きわだつ高品質」を目指すことこそ、最終的に勝ち残る戦略ではないかと思う。

本書は、高品質ブドウの安定生産を目指して、現在主産地で導入されている実践的な栽培技術について、作業暦形式で示した。ブドウ栽培者の経営安定と、わが国のブドウ産業の発展に本書が少しでも役に立てれば幸いである。

末筆ながら執筆するにあたり、写真やデータの提供、ご助言をいただいた山梨県果樹園芸会、山梨県果樹試験場の皆様に深謝するとともに、本書の刊行にあたりご尽力いただいた農文協編集局の皆様に厚くお礼申し上げる。

二〇一九年八月

小林　和司

おいしいブドウ栽培 目次

第9章 おもな病害虫と生理障害

写真撮影●山梨県果樹試験場、山梨県果樹園芸会

ブドウの生育過程とおもな栽培管理

（『果樹栽培の基礎』農文協より）

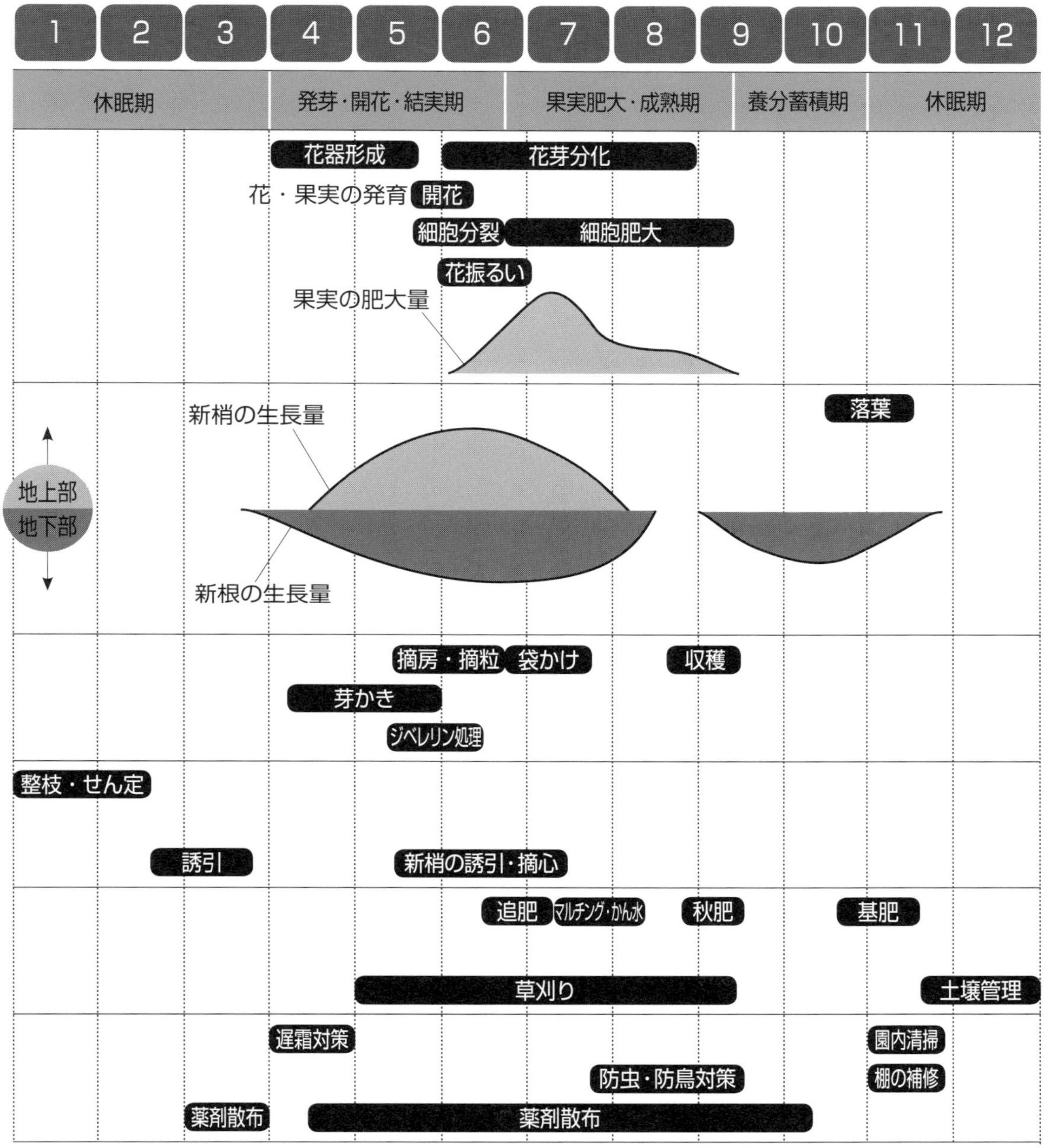

序章

ブドウ栽培の基本の基

——おさえておきたい生育特性

1 省力は大事だが…

●手間のかかる果樹

海外の大規模なワイン産地では、せん定や誘引、収穫といった管理作業がほとんど機械化されており、人間が手作業で行なう場面は少ない。コメやムギなどの土地利用型農業のかたちに近い。

これに対し、日本では生食用ブドウが主体で、ほとんどが棚仕立てで栽培され自由形に近い整枝方法が採られている。また、果実品質を決定づける房づくりや摘粒といった果房管理や整枝せん定などは、機械化が難しく、現状はすべて手作業で行なわれている。さらに日本では食味はもちろん、外観が高価格販売の重要な要素になっている。

これらの理由から、ブドウ栽培はほかの作物に比べ多くの手間ひまがかかっている。たとえばシャインマスカットの10aあたりの作業時間は351時間（農業経営指標・山梨県、表序-1）、赤嶺は496時間となっており、コメ（52時間）やコムギ（9.2時間）に比べはるかに多い。また、スモモの大石早生が264時間、カキの刀根早生は256時間、同じツル性で棚仕立てのキウイフルーツは209時間と、ブドウは果樹のなかでも手間がかかる樹種である。

表序-1
「シャインマスカット」の作業時間内訳

作業名	労働時間
整枝・せん定	42
施肥	16
土壌管理	16
防除	11
新梢管理	28
ジベレリン処理	36
房づくり・摘房・摘粒	91
袋かけ・カサかけ	45
灌・排水管理	6
収穫・出荷	60
合計	351

労働時間：h/10a/1人
山梨県農業経営指標（2010年）から抜粋して編集

●外国産品との競争

2016年現在、日本で流通しているブドウの約1割が外国産（レッドグローブやシードレス系品種）であり、おもにアメリカとチリ、メキシコから輸入されている（図序-1）。TTP（環太平洋パートナーシップ協定）や日欧EPA（経済連携協定）によりブドウの関税は完全撤廃されることとなり、今後さらなる輸入量の増加が予想される。世界のブドウの主産地をみると、広大な土地、雨が少なく日射量が多い気象条件、安い労働力と、日本と比べ格段によい条件で生産されている。流通はさらにグローバル化し、外国産との競争は避けられない状況になると見込まれる。

すでに国産ワインはきびしい国際競争にさらされている。これに対抗するため、業界では醸造技術の向上、原料の高品質化、国際的なPR活動やマーケティングなどさまざまな取り組みがなされ、甲州（写真序-1）に代表される和食によく合う独自の個性をもった日本ワインが高く評価され、一定の地位を築いている。こうした国際競争に打ちかつ取り組みは今後、生食用のブドウでも求められるようになることは間違いない。

写真序-1
日本ワインに独自な個性を生み出す品種、甲州

●きわだつ品質

日本の生食ブドウの栽培技術はこれまで独自に発展してきた。房づくりや摘粒、植物成長調整剤（植調剤）の利用、カサかけ・袋かけなどは、もっと高品質な果房をつくれないかと考え、試行錯誤を重ねながら確立されてきた技術である。まさに製造業で使われる「ものつくり」という言葉がふさわしい。最近ハヤリの「見える化」が困難な、経験や知識に基づいた技能により、わが国の生食ブドウの果房は生

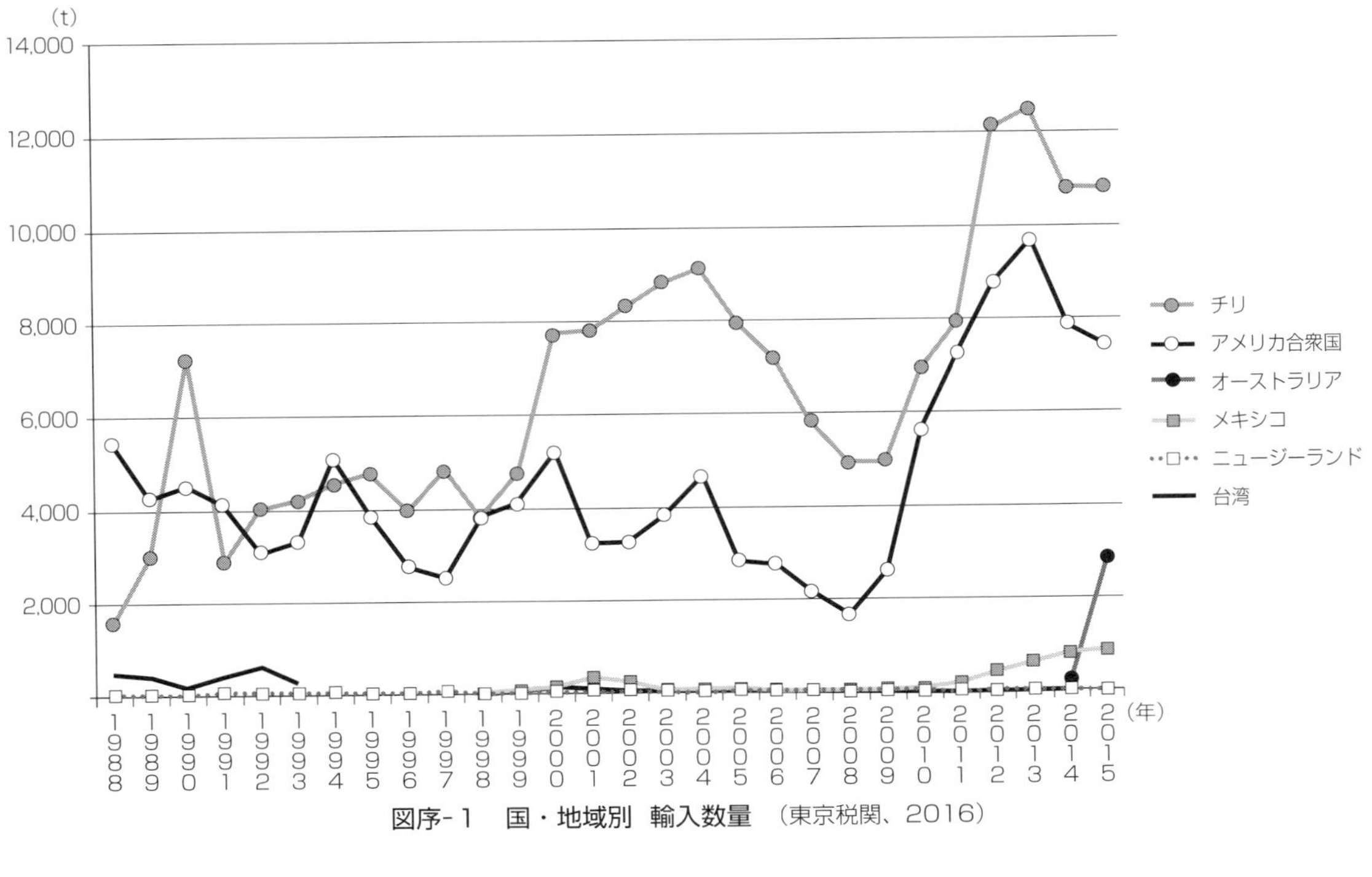

図序-1　国・地域別　輸入数量　（東京税関、2016）

産されている。

しかしかつては90%（1965年度）もあった果実の自給率が、2016年度には41%と大幅に低下している（農林水産省統計）。先にも述べたように果実の輸出入の割合は増加しつつあり、これからも外国産との競争は避けられない。そのなかでは、品質を犠牲にした省力大量生産では勝負にはならない。メイドインジャパンの「きわだつ品質」こそがグローバル競争の中で勝ち残るカギとなる。

●品質追求が省力化につながる

食味、外観とも優れた果房を生産するには、このあと本書で述べるような、さまざまな管理プロセスを経なければならない。整枝せん定から始まって、芽かき、新梢誘引、房づくり、植調剤処理、摘粒、袋かけ、除袋、収穫。また、これらの管理作業と並行して薬剤散布、葉面散布や施肥などもある。これらはいずれも、食味や着色、果粒肥大など果実品質を左右する重要な作業である。

そして、たとえば整枝せん定が的確になされていれば、発芽時期や新梢勢力が揃い、摘心や誘引作業が簡単に済む。そうなれば開花が揃い、房づくりや植調剤処理などの果房管理も効率的にできるようになる。つまり、どの作業も遅れずに適期に行なわれることが作業の短縮化になり、省力化につながる。高品質化を目指した管理作業は同時に、省力化をはかる近道でもある。

2 品質重視のつくりは「適正樹相」から

●適正な樹相とは

適正な樹相とは、高品質な果実を効率的に生産できる樹の姿である。

その診断は、まず発芽後伸びる新梢の状態でわかる。樹の栄養状態や前年のせん定の良し悪しは枝の伸び具合に反映するので、新梢を観察することで好適な樹相かどうかが診断できる。細くて短い新梢や、逆に強勢な新梢は、結実が不安定で果実品質もよくない。

表序-2 巨峰群品種の適正樹相

生育ステージ	適正値の目安
発芽率	80%以上
展葉7～8枚	新梢長50㎝
開花始め	新梢長80～90㎝
満開期	新梢長100㎝
着色始め	新梢停止率80%
収穫期	新梢停止率100%

＊欧州系や2倍体欧米雑種についても、巨峰群品種と同様な考え方で、開花の直前に新梢の伸びが鈍り、着色始期にはその生長が停止する姿が適正樹相である。

表序-2に巨峰群品種の適正樹相の目安を示したが、冬季せん定や芽かき、新梢誘引などによってこのような樹相に導く。

なかでも、冬季のせん定は直接的に効果が現われやすい。地下部（根）の切り詰めは一般には行なわないので、地上部の枝の切り方で芽数を制限して樹勢を調整する。強めの樹勢では弱いせん定を行ない（芽数を多く残す）、弱樹勢では強めに切り詰める。もちろん、整枝せん定だけで適正樹相に導くことはできない。

近年は種なし栽培が主流になり、開花直前の摘心が必須作業になっている。このため、開花後の新梢の伸び具合を観察する機会はあまりないかもしれないが、樹勢が適正なら開花直前頃に新梢の生長はやや鈍り、開花から1カ月後の展葉15~20枚でほとんどの新梢の生長が停止する。しかし、実際は開花期になっても生長は衰えずに強い副梢が発生したり、成熟期になっても生長が続いていたりする樹も多く見られる。こうした樹相の樹に対しては、せん定や施肥の見直しはもちろん、誘引や摘心によっても新梢や副梢の伸びを止める調整が必要である。

写真序-2　房づくり作業は花穂が1～2輪咲き始めた頃が適期

●芽かき、新梢誘引、施肥、収量調整…

芽かきや新梢誘引は、整枝せん定を補完する作業といえる。強めの樹勢では芽かきは控え、逆に弱樹勢では芽かきを強める。伸ばしたい枝はまっすぐに、弱める枝は返すように誘引する。

また、施肥や着果負担も樹勢に大きく影響する。施肥量、とくにチッソの施用量は樹勢を見ながら加減し、徒長や遅効きにならないよう注意する。着果過多は果実品質への影響はもちろん、翌年の樹勢や耐寒性にも大きく影響するので基準とされる収量を厳守する。

●管理作業はタイミングが大事

ブドウ栽培にはさまざまな管理作業があるが、これらはタイミングを外さず行なうことが重要である。作業時期は、果実品質や収量、作業性（効率性）に大きく影響するからだ。

たとえば房づくり作業は花穂が1~2輪咲き始めたころが適期である（写真序-2）。これは、開花始めには花穂が伸びきるので軸長が合わせやすくなる一方、遅れると花振るいが生じやすくなることが、この時期に行なう理由である。新梢誘引も時期が遅れると、新梢が絡み合ってしまい、その後の作業性は大幅に低下する。摘粒も遅れてしまうと果粒が密着し作業性が悪くなり、果実品質にも影響する。施肥や薬散も含め、すべての管理作業には、その時期に行なわなければならない理由がある。

ただ、生育の進度は年次によって違う。作業暦を目安としながらもよく生育を観察して、遅れないように進めることが大事である。

❸果粒肥大と種なし化技術

●大粒・種なし

今日、消費者の食味への要求は高く、より美味しいものを求めるようになっている。また、最近では「食べやすさ」も購入理由の重要な要素となっている。『日本農業新聞』果樹の売れ筋期待値ランキング記事（2015年）によると、ブドウではシャインマスカットとナガノパープルが上位にランクインしている。両種とも種なしで大粒、硬い肉質で皮ごと食べられることが特徴である。甘さ、おいしさに加え「食べやすさ」が、いまの消費者の嗜好になっている。ナガノパープルは苗木の供給が全国に解禁され、シャインマスカットも栽培面積が急激に増えている。従来のデラウェアや巨峰、ピオーネなど巨峰系品種も種なしで食べやすく、食味も日本人の嗜好に合ったものが、今後のブドウ消費を牽引していくものと思われる。

●植調剤処理は基本の管理に

大粒・種なし栽培が広がるなか、植物成長調整剤（植調剤）のジベレリンはもはやブドウ栽培にとって欠くことのできない資材となっている。最近では種なし化や果粒肥大の目的以外でも、花穂伸長による摘粒作業の軽減といった省力化目的での新たな使用法も普及しつつある。

ジベレリンのほかにも、種なし化促進のアグレプト液剤や果粒肥大促進のフルメット液剤、さらに新梢伸長を一時的に抑えることで摘心作業を代用するフラスター液剤など、植調剤は現在、高品質安定生産の重要な役割を担っている（写真序 - 3）。

ただ植調剤の多くは植物ホルモンと同様の働きをするので、わずかな量でも生育に大きな影響を及ぼす。効果が大きい反面、使用方法を誤ると品質低下や薬害を生じる恐れもある（写真序 - 4）。使用にあたっては、樹勢や使用時期、天候などに細心の注意を払うことが肝要である。

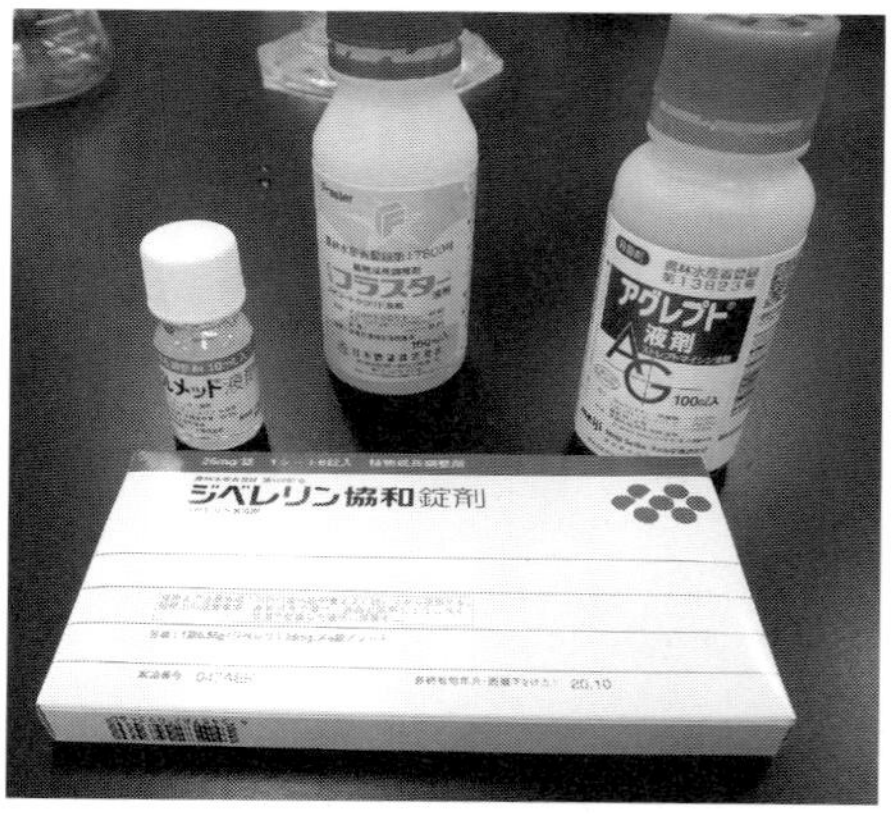

写真序- 3
ブドウの高品質安定生産に重要な役割を担う植物成長調整剤

写真序- 4
ジベレリン処理を早期（満開前）に行なった結果、穂軸が湾曲した果房（ハウス　シャインマスカット）

知っておきたいブドウ樹の基本特性

ブドウ栽培の歴史は古く、コーカサス地方やカスピ海沿岸では紀元前から栽培されている。日本でも鎌倉時代に甲斐国勝沼で栽培が始められている。古くから世界中の人々に親しまれているブドウは、ほかの果樹とは大きく異なる特徴がある。

〈樹の特徴〉

・ツル性の落葉果樹

ブドウはほかの木本果樹と異なりツル性で、栽培するには幹や枝を支える棚や垣根などが必要になる。新梢は軟らかく節があり、それぞれの節目には葉が1枚ずつ着き、新梢の葉の反対側には花穂または巻きひげが着く(写真①②、「形状」の項も参照)。

・品種が豊富

ブドウは品種が非常に多く、世界中に1万種以上あるといわれている。実際に経済栽培されている品種はそんなにはないが、それでも他果樹に比べ多くの品種がある。房や果粒の形、色、食味や香りなど、大変バラエティーに富んでいる。

・結実樹齢が早い

「桃栗三年柿八年」ということわざがあるように、永年作物である果樹は実を結ぶまでにある程度の年数を要する。一方、ブドウは苗木を植えてから結実するまでの期間がとても短い。苗木を植えて早ければ翌年から結実する。

・気候や土壌に対する適応性が広い

ブドウ栽培の好適地は年平均気温10℃から20℃の範囲にあり、北緯、南緯とも30度から50度の間に分布している。この範囲以外にも、台湾やタイ、インドなどでも経済栽培が行なわれている。ブドウは気候や土壌に対する適応性が広く、品種を選べば北海道から沖縄まで日本中どこでも栽培できる。

・増殖が容易

一般に果樹は、接ぎ木による栄養繁殖で増殖されている。経済栽培用のブドウも他果樹と同じように台木に接ぎ木をして苗をつくる。しかし、挿し木によっても容易に増殖する。木本果樹は挿し木による発根は容易でないが、ブドウでは春先、結果母枝を砂や土に挿せば簡単に発根する。

接ぎ木も比較的容易にでき、緑枝接ぎや休眠枝接ぎで、個人で簡単に増やすことが可能である。

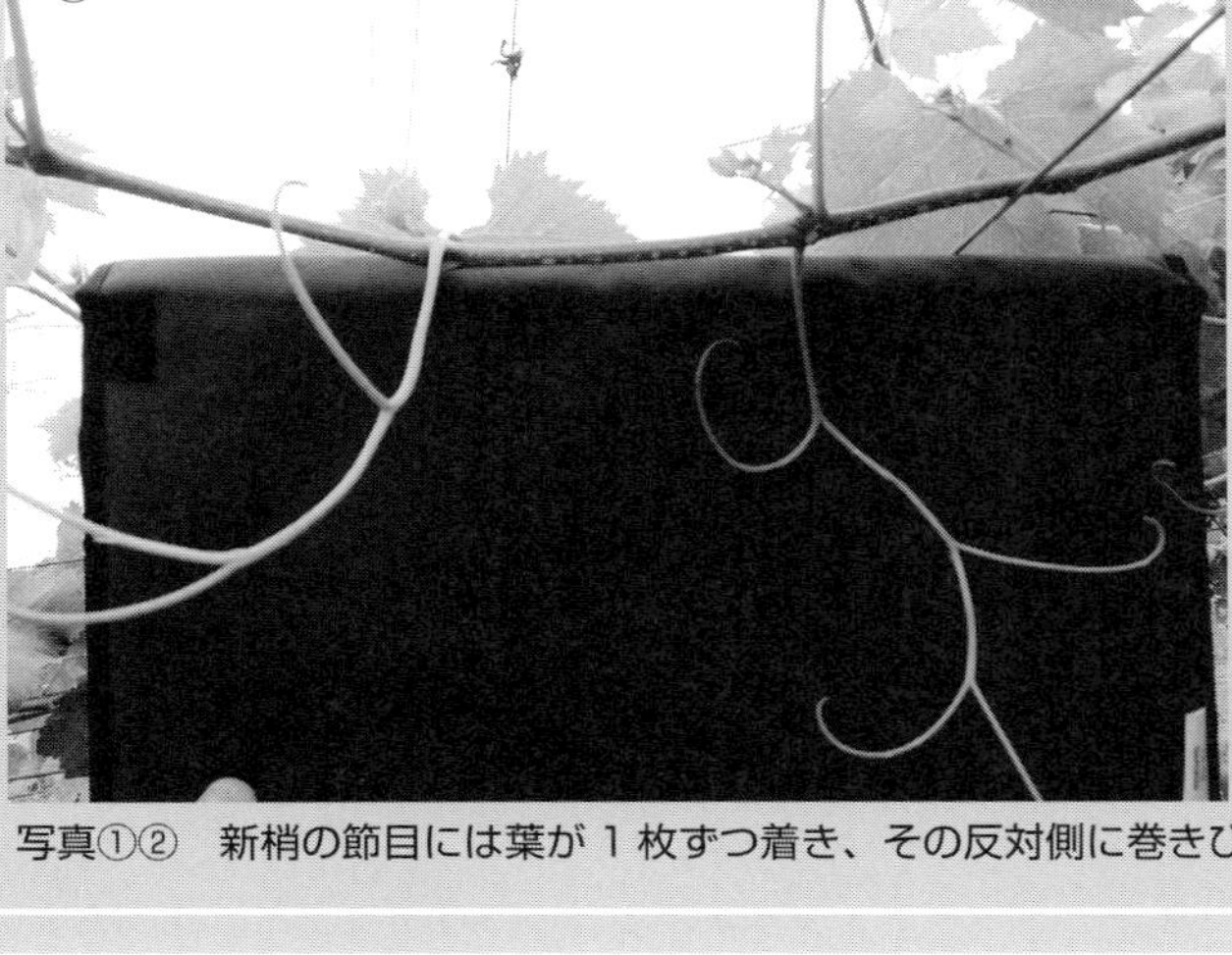

写真①② 新梢の節目には葉が 1 枚ずつ着き、その反対側に巻きひげ①または花穂②が着く

〈果実の特徴〉

・房状で漿果

ブドウの果実はいくつもの果粒が集まった集合体（房）である（16ページ「果実」の項参照）。自然状態では、一つの花穂に数百もの花が咲くが、これらは養分競合によりすべてが結実するわけではない。一般的には房づくりといって花蕾数を制限して養分競合を防ぎ、結実確保をしている。

果粒は漿果《しょうか》と呼ばれ、水分をたっぷり含む。成熟期が近づくと硬かった果粒に水が引き込まれ軟らかくなり（ベレーゾン）、糖分を蓄えながら成熟していく。

・多くの品種が自家和合性

ほとんどの品種は自身の花粉で結実する自家結実性で、ほかの果樹のように異品種を近くに植えたり受粉作業をしたりする必要がなく、一樹だけでも十分に結実する。

しかし、なかには花粉に稔性がなく、種を結ぶことができない品種もある。たとえば、カッタクルガンや瀬戸ジャイアンツ、サニードルチェなど雄ずい反転性の品種や、キングデラやサマーブラック、甲斐美嶺などの3倍体品種は結実することができない。このため、果実を得るにはジベレリン処理による種なし栽培が前提となる。

・種なし栽培が容易

現在、生食用のブドウは種なし栽培が主流である。ブドウは、ジベレリンを花穂に処理することで簡単に種なし果房が得られる。ただし、ジベレリンの処理時期や濃度は品種によって異なる。品種ごとの適用内容をよく確認してから使用するようにする。

・機能性成分が豊富

果汁の糖度は18～20%あり、これは果物のなかでも比較的多い。ブドウ糖と果糖が主成分で、体内ですばやくエネルギー源になる。疲れたときに食べると回復が早くなる。また、ブドウには、アントシアニンやレスベラトロールといったポリフェノールが豊富に含まれている。ポリフェノールには抗酸化作用があり、活性酸素などによる老化防止、発ガン抑制の効果がある。

そのほかにも血圧の上昇を抑えるカリウムや貧血予防に効果のある鉄分、動脈硬化や心臓病予防に効果のあるマグネシウムも豊富に含まれている。最近では、レスベラトロールに生物の寿命を伸ばす新たな機能が見いだされ、注目を集めている。

〈茎葉・花・果実の形状〉

・茎（図1）

ブドウの茎（新梢）には節があり、各節か

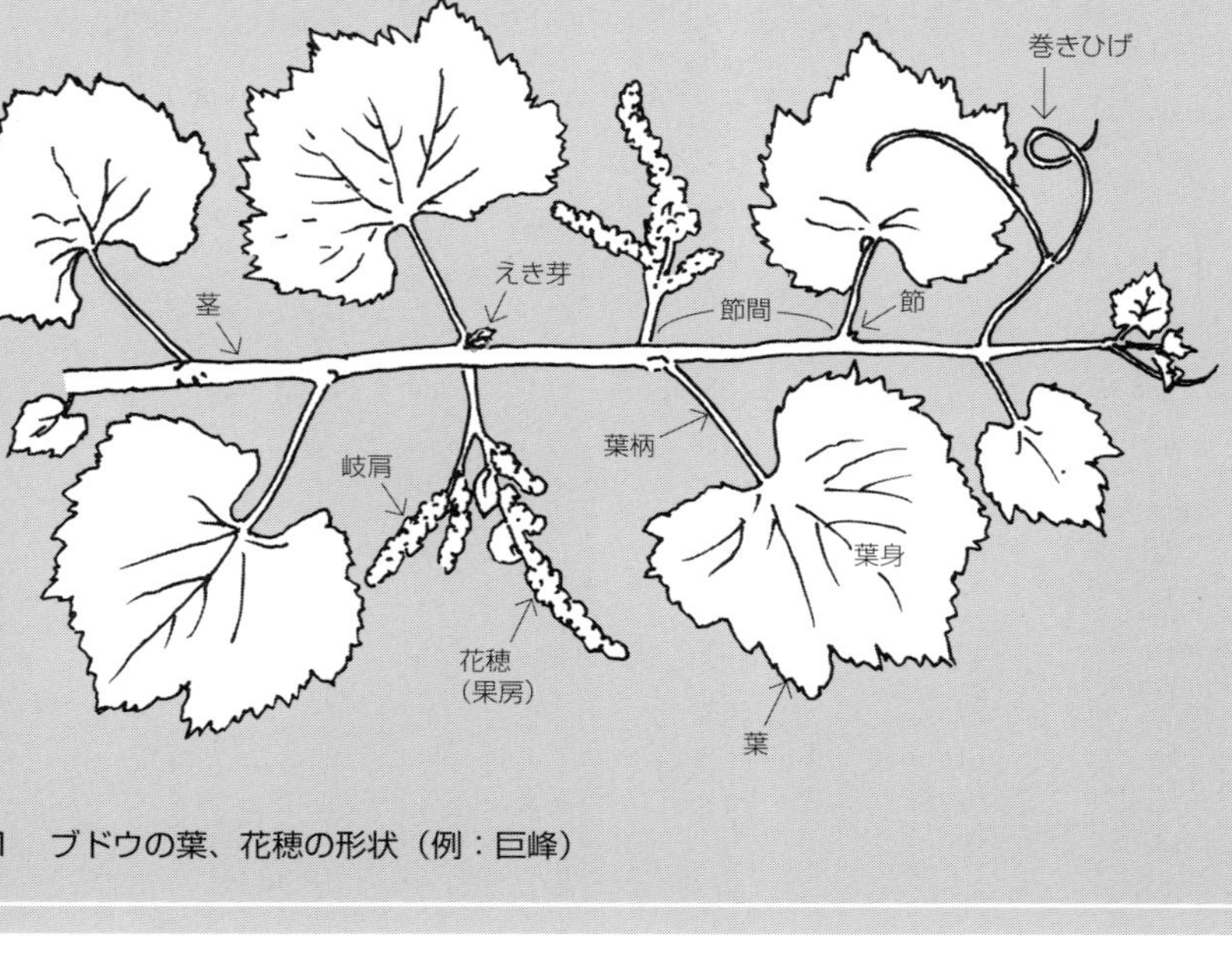

図1　ブドウの葉、花穂の形状（例：巨峰）

らは葉が左右交互に着生する。葉の反対側には花穂か巻きひげが着くが、品種によりその規則性が異なる。たとえば、欧州系の品種では「間続性」といって、基部から数えて４枚目と５枚目、一つ飛ばして７枚目に巻きひげか花穂が着く。一方、おもに米国系の品種では３枚目、４枚目、５枚目と連続性を示す。

茎は多くの品種は表面がなめらかな状態であるが、なかには溝状になった品種もある。春先に発芽した緑色の新梢は夏から秋にかけて登熟し、木質化していく。登熟した茎を「熟梢」と呼ぶが、色は茶褐色や黄色など品種によってさまざまである。

写真③④　左は巨峰、右はピオーネの葉

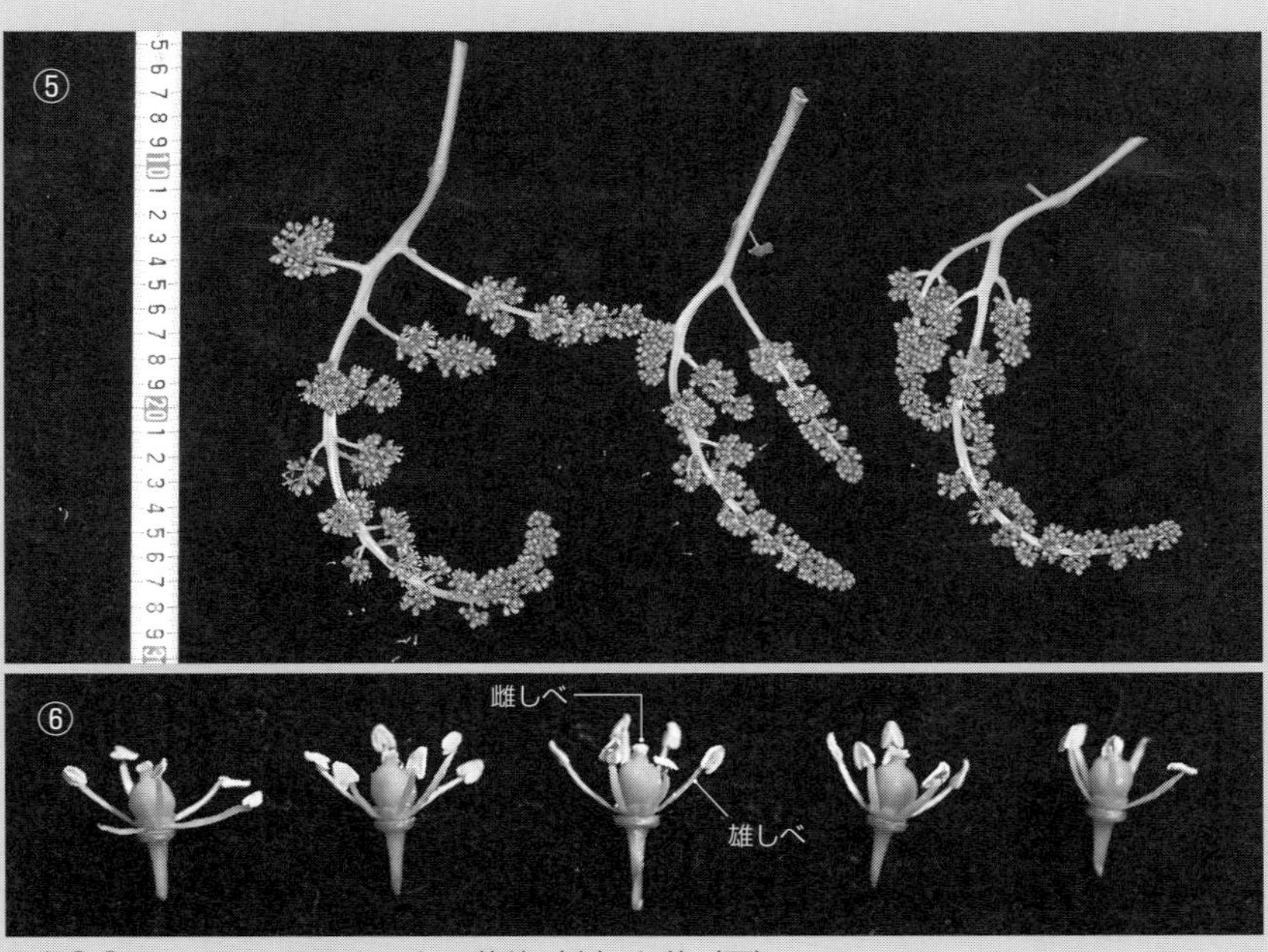

写真⑤⑥　シャインマスカットの花穂（上）と花（下）

・葉

葉は、葉身と葉柄で構成されている。葉身は左右対称で５本の主脈があり、５角形や心臓型、腎臓型など裂刻《れっこく》の深さと主脈の配置によりさまざまな形がある。このような葉の形状は品種により異なる。たとえば、巨峰とピオーネなど果粒が似ている品種を見分ける場合、葉の裂刻の深さや葉裏の毛の有無が決め手となることもある（写真③、④）。

・花穂と花

花穂と巻きひげは相同器官といってもともとは同じものである。樹の内生ホルモンや栄養状態が整っていればしっかりとした花穂になり、条件が悪ければ巻きひげになる。

花穂（写真⑤）は品種特性により大小あるが、同じ品種でも新梢の発生部位や樹の栄養状態により、大きさが異なる場合もある。一つの花穂には数百もの花が着いているが、栽培されているほとんどの生食用ブドウの品種では花穂をハサミで整えて小さくし、摘粒をするので、果房に着いている果粒の数は大粒種では30～40粒に制限されている。

花は多くの品種では両性花といって雄しべと雌しべが一つの花の中にあり、雌しべ1本と雄しべ5～7本がキャップ（花弁）に包まれている（写真⑥）。開花期にはキャップが飛び、自家受粉して種を結び、生長して果粒になっていく。

・果実（図2、3）

ブドウの果実は、果汁がつまった果粒がまとまって一つの房をつくっている。果粒は大きい粒から小さい粒まで色も形もさまざま。房も自然状態では円筒形や円錐形、有岐円筒形などさまざまである。しかし、日本で経済栽培をしているブドウは整房や摘粒を行なっているので、ほとんどは円筒形か円錐形をしている。

果粒の表面はブルームといって白い粉状のもので覆われており、雨や病気からブドウを守っている。このブルームが厚くのっている果粒は新鮮で商品性が高い。農家は収穫の際にこのブルームを落とさないように丁寧に扱う。

なお、果粒の表面には気孔がほとんど存在しないので、軸から切り離して果粒で保存すれば蒸散が抑えられて、長く貯蔵することができる。

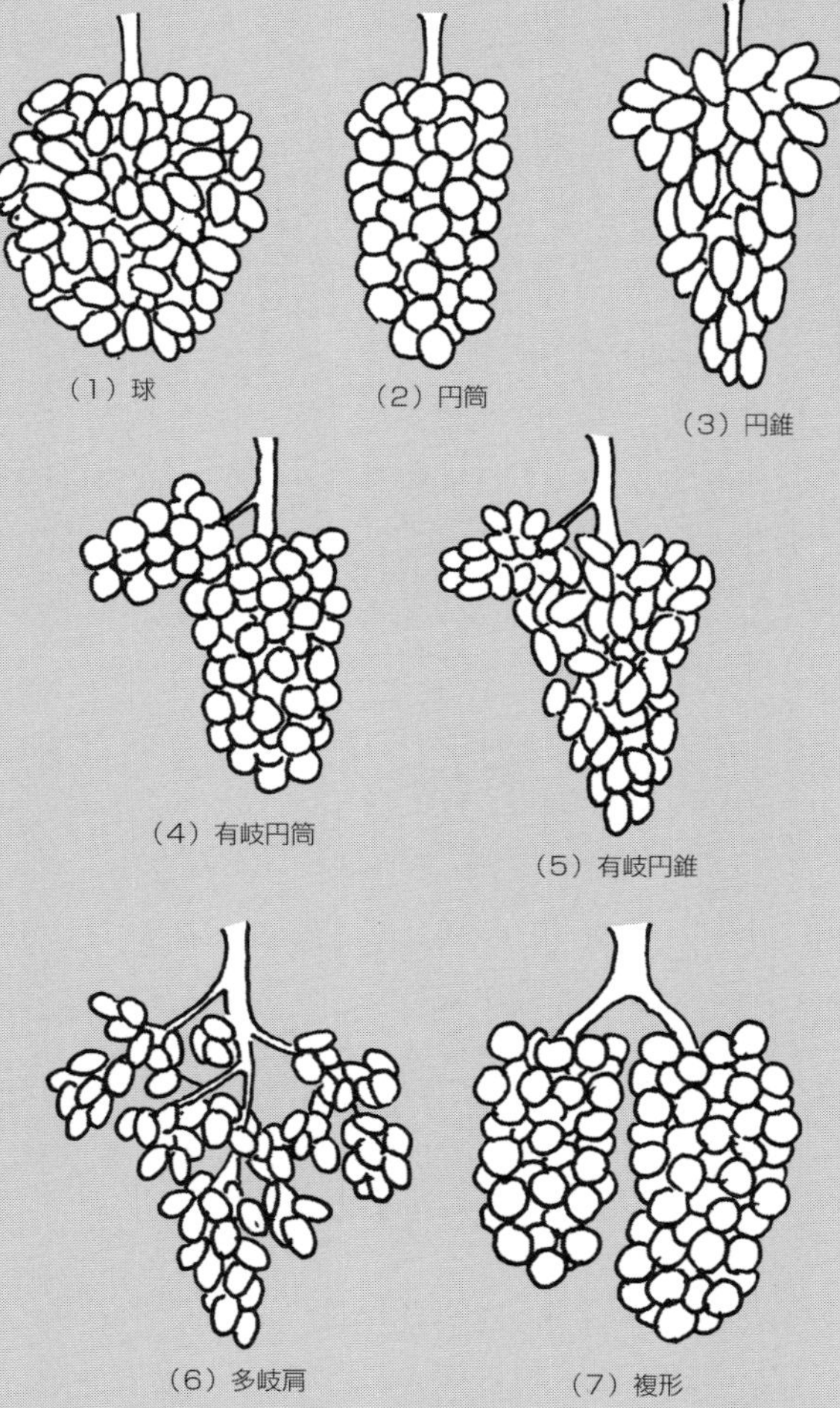

図2　ブドウの房型
（農林水産省品種登録ホームページ、ブドウ審査基準より）

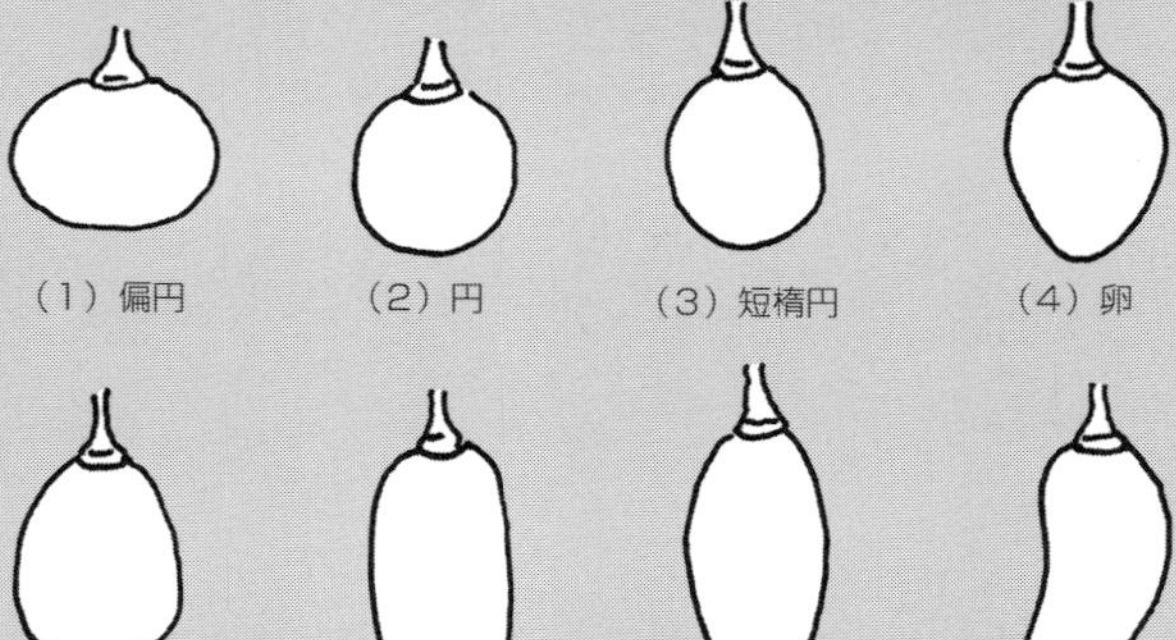

図3　ブドウの果粒の形
（農林水産省品種登録ホームページ、ブドウ審査基準より）

第1章 ブドウの3品種タイプ

基本編

植調剤への反応性、倍数性、育成経過などから分類、品種選択の参考に。台木選びも重要

1 ブドウの分類と本書でのタイプ分け

ブドウ属の分類にはさまざまな意見や報告があり、また近年、遺伝子解析などの新手法が次々に開発され、新たな知見が得られる可能性もある。現状では現在栽培されているブドウは以下のとおりに分けられている。

欧州ブドウ（欧州種 *V.vinifera* L.）

米国ブドウ（米国種 *V.labrusca* L.）

両者の交雑である欧米雑種（*V.vinifera* L. × *V.labrusca* L.）

このほか、ジベレリンなどの植物成長調整剤への反応性、倍数性や育成経過などを考慮した「2倍体米国系品種」や「巨峰系4倍体品種」、「3倍体品種」といった分類もある。

本書では、日本で経済栽培されている主要品種を特性やジベレリンの反応性が似ている以下の3タイプに分け、解説する。

2 各タイプの特徴

●2倍体欧米雑種・米国系品種

冬季低温、夏季多雨といった北米地域の環境条件に適応した特性をもつ。そのためわが国では栽培に適する範囲が広く、病害にも強いので栽培は比較的容易である。嗜好の変化により現在では栽培面積が減少しているが、栽培しやすい長所を活かして欧州ブドウとの交雑に利用され、欧米雑種が数多く作出されている。

おもな品種は以下のとおり。

デラウェア（欧米雑種、写真1－1①）

1850年頃にアメリカ・ニュージャージー州で発見された偶発実生で、日本には1870～80年代にフランスやアメリカから導入された。食味が優れ栽培しやすいことから普及し、現在でも早生の代表的な品種として全国的に栽培されている。果房は150g程度、果粒は平均1.8gと小粒だが、果肉は果皮と離れやすく、多汁で甘味が強く食味は良好。

キャンベルアーリー（欧米雑種、写真1－

写真１-１　２倍体欧米雑種・米国系品種
①デラウェア　②キャンベルアーリー　③マスカットベーリーＡ　④ナイアガラ

写真１-２
巨峰系４倍体品種
①巨峰　②ピオーネ
③ゴルビー　④藤稔
⑤ブラックビート
⑥クイーンニーナ
⑦甲斐ベリー３

1－②）　1892年にアメリカ・オハイオ州デラウェアのキャンベル氏がムーアアーリーにベルビデレとマスカットハンブルグとの雑種の花粉を交雑して育成した品種。果粒重は5～6g、果皮色は紫黒色、果肉は塊状で果皮が分離しやすく食べやすい。欧米雑種であるが、米国系の性質が強く、耐寒性に優れ、雨の多い日本の気候によく適応して北海道から九州まで広い地域で栽培されている。

マスカットベーリーA（欧米雑種、写真1－1③）　新潟県の川上善兵衛氏がベーリーにマスカットハンブルグを交雑して得られた実生の中から選抜した2倍体品種で、1940年に命名、発表された。気候や土壌の適応性が広いので、戦後、全国各地で栽培されるようになった。現在でも生食と醸造の兼用品種として広く栽培されている。生食用ではジベレリン処理により種なし化された果実が生産され、ニューベリーAの名称で販売されている。醸造用では濃厚な色調の赤ワインの原料として利用されている。

ナイアガラ（米国系、写真1－1④）　1872年にアメリカ・ニューヨーク州のホーグ氏とクラーク氏がコンコードにキャサディを交雑して作出されたといわれている。どちらも北アメリカの野生種であるラブラスカ種から選抜された品種で、ナイアガラは純粋な米国系品種といえる。日本には1893年に導入され、耐寒性が強く冷涼な気候を好むことから北海道や東北地方、長野県で栽培が広がった。花穂の着生もよく、花振るいも少ないため栽培は比較的容易である。独特のフォクシー香があり、この香りを好む一部のファンからは根強い支持を得ている。

●巨峰系4倍体品種

4倍体品種は、染色体数がなんらかの原因で基本染色体数の4倍になったもので、多くは枝変わりとして発見された。2倍体品種に比べ、花や果粒が元の品種より大きいものが多く、キャンベルアーリーの枝変わりの石原早生、ロザキの枝変わりのセンテニアルなどがある。ただ、そのまま経済栽培されているものはほとんどなく、交雑親として利用され、巨峰やピオーネ、藤稔など多くの大粒品種が作出されている。

現在、日本では、巨峰をルーツとする一大品種群が形成されており、それを「巨峰系4倍体品種」または「巨峰群品種」と呼んでいる。ジベレリン処理による種なし栽培が可能となったことで全国的に広がり、現在では日本のブドウ生産の50％以上を巨峰系4倍体品種が占めている。おもな品種は以下のとおり。

巨峰（写真1－2①）　静岡県の大井上康氏が石原早生にセンテニアルを交配して育成した4倍体の品種で、1945年に命名、発表された。大粒で食味もよいため、全国各地で栽培が広がり、栽培面積は現在第一位、日本を代表する品種になっている。熟期は8月中旬から9月上旬。果皮色は紫黒色、果粒重は10～15gになる。多汁で食味は良好。

ピオーネ（写真1－2②）　静岡県の井川秀雄氏が巨峰を親にして育成した4倍体品種。1973年に「ピオーネ」の名で名称登録された。15～20gになる果粒は大きさで巨峰を凌ぎ、果肉が締まり食味は良好。数多き巨峰群グループを代表する優良品種。登録された当初は、樹勢が旺盛で花振るい性も強かったため、「暴れ馬」と呼ばれるくらい栽培が難しかったようである。しかし、ジベレリンによる種なし栽培技術が確立されてからは、結実も安定して栽培しやすくなった。熟期は8月下旬で巨峰より少し遅い時期になる。

ゴルビー（写真1-2③）　甲府市の植原宣紘氏がレッドクイーンと伊豆錦を交配（1983年）して育成した4倍体の品種。巨峰群グループの赤系品種の中では果粒が大きくボリューム感があり、注目されている。果粒重は15～18g、なかには20gを超えるものもある。果肉が硬く締まっていて食味は優れる。花振るい性が強いので、ジベレリン処理により種なし栽培することで栽培は安定する。

藤稔（写真1-2④）　神奈川県の青木一直氏が井川682号とピオーネを交配して育成した4倍体品種で、1985年に品種登録された。巨峰群グループの黒系品種の中では果粒がもっとも大きく、ボリューム感がある。果粒重は15～20g、なかには25gを超えるものもある。果肉は巨峰よりやや軟らかくジューシーで、観光園では大人気の品種。新梢が徒長せず種が入りやすいので、種なし栽培する場合は強めの樹勢に導く必要がある。成熟期は8月中旬で巨峰とほぼ同時期に収穫できる。

ブラックビート（写真1-2⑤）　熊本県の河野隆夫氏が藤稔とピオーネを交配して育成した4倍体品種で、2004年に品種登録された。近年、黒系の巨峰群グループにおいて着色不良が問題となるなか、この品種は毎年安定して着色することが特徴の一つである。一方、着色が先行するため食味を確認してからの収穫が重要となる。果粒重は15～20gでピオーネと同じくらいになりボリューム感がある。成熟期は8月中旬で巨峰とほぼ同時期に収穫できる。

クイーンニーナ（写真1-2⑥）　現在の（独）農業・食品産業技術総合研究機構果樹茶業研究部門において、安芸津20号（紅瑞宝×白峰）と安芸クイーンを交配して育成した4倍体品種で、2011年に品種登録された。果皮色は赤色で、果粒重は15～18g程度になる極大粒種。糖度は20度以上と高く、肉質は硬く食味は優れる。熟期は8月下旬から9月上旬で巨峰よりもやや遅い。4倍体品種の中では果肉が比較的硬く、欧州系ブドウに近い肉質をもっている。

甲斐ベリー3（写真1-2⑦）　山梨県果樹試験場において山梨46号（巨峰自殖）とピオーネを交配して育成した4倍体品種で2018年に品種登録された。果皮色は紫黒で巨峰やピオーネに比べると着色は優れる。果粒重は20g以上、果房重も600g以上になり極大でボリューム感がある。糖度は18％程度で酸切れが早く食味は良好である。

●シャインマスカットと欧州種

シャインマスカット（写真1-3①）は現在の（独）農業・食品産業技術総合研究機構果樹茶業研究部門においてブドウ安芸津21号（スチューベン×マスカットオブア

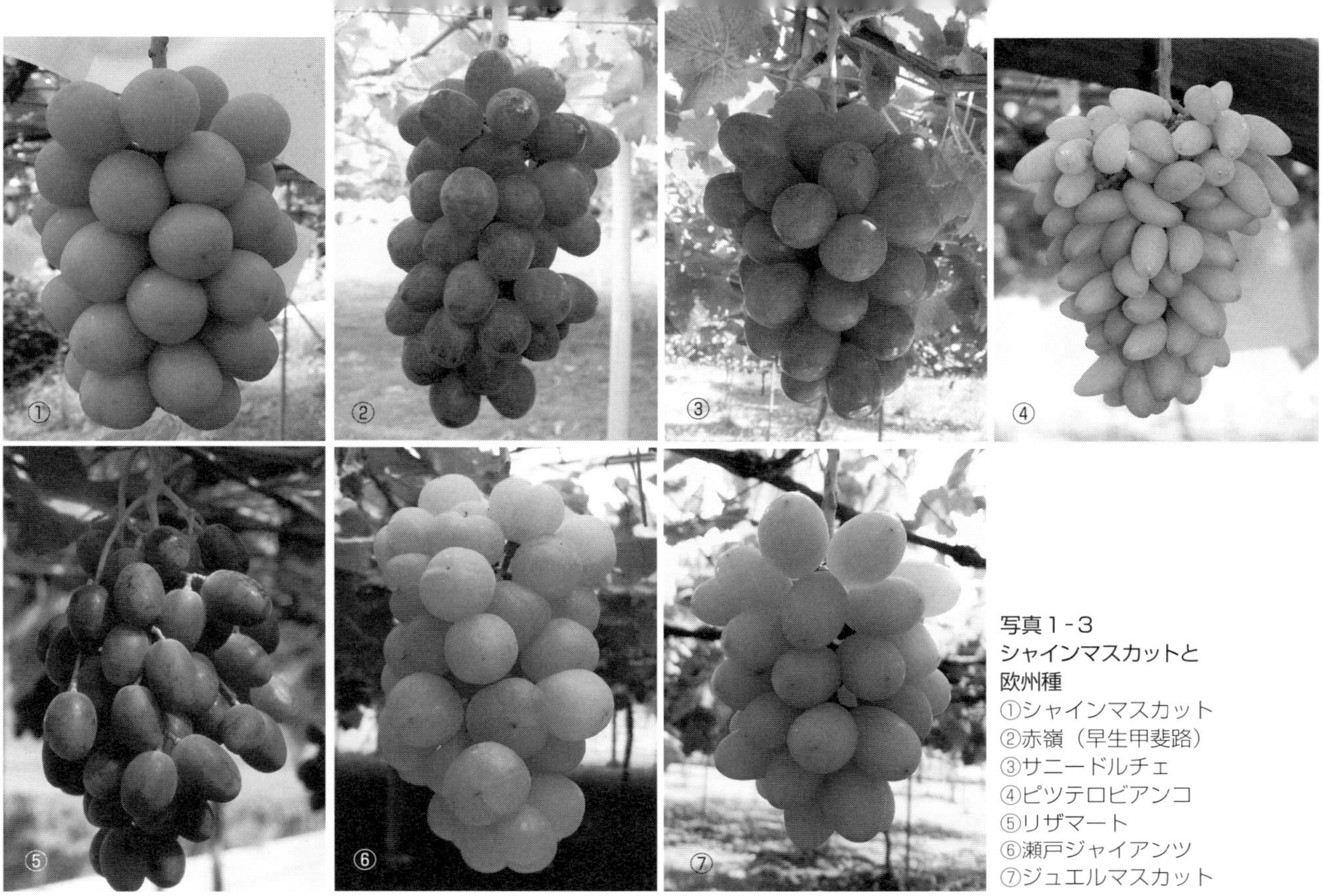

**写真１－３
シャインマスカットと
欧州種**
①シャインマスカット
②赤嶺（早生甲斐路）
③サニードルチェ
④ピッテロビアンコ
⑤リザマート
⑥瀬戸ジャイアンツ
⑦ジュエルマスカット

レキサンドリア）に白南を交雑して育成した黄緑色の2倍体品種で２００６年に品種登録された。ジベレリン処理による種なし化が可能で、果粒重は15g程度と大粒で果肉が硬く、皮ごと食べられる。また、マスカット香があり、糖度が高く、酸味が少ないため食味が優れ、消費者には大人気の品種となっている。大粒で果肉が硬いといった特性から欧州種のようだが、母方の親に欧米雑種のスチューベンが入っているためか比較的病気に強く、栽培しやすい。こうした特性から、近年栽培が全国的に増えている。

純欧州種は、温暖で夏の降水量が少ない地域が原産であるため、雨の多い日本では病気や裂果などが問題となり露地での栽培は難しい。しかし、果実品質に優れた品種が多く、雨よけ施設を中心に栽培されている。おもな品種は以下のとおり。

甲斐路（欧州系）　甲府市の植原正蔵氏がフレームトーケーにネオマスカットを交雑して育成した品種で、１９７７年に種苗登録された。果粒は10～12gと大きく、糖度は高く果肉が締まり食味は優れる。大房で鮮紅色の外観は美しく、山梨県を代表する高級品種として定着している。収穫時期は10月以降と晩生だが、甲斐路より約20日早く成熟する枝変わり種の赤嶺が発見され、現在では早生甲斐路として赤嶺（写真１－３②）が多く栽培されている。雨の少ない地域では露地栽培が可能であるが、純欧州種であるため病害の発生には注意が必要である。

サニードルチェ（欧州系、写真１－３③）

山梨県果樹試験場においてバラディーに

根の向地角	耐湿性	耐乾性	顕著な特性
中	中	中	挿し木発根がやや悪いが、接ぎ木後の穂木の生育はかなりよい
小	強	弱	新梢がよく伸びて挿し穂を多数採取できる。発根は容易で接ぎ木活着率が高い
大	中	強	挿し木発根もよく、接ぎ木後穂木の生育を 101-14 より旺盛にさせる
大	中	強	新梢は直立性で節間が短い。発根は容易で接ぎ木後、穂木の勢力を強める
中	強	弱	発根はよく、接ぎ木後、穂木の勢力をやや強める。湿地によく耐える
中	中	強	接ぎ木後、穂木の勢力を強くし、乾燥した土壌によく耐える
大	強	弱	接ぎ木後、穂木の勢力を著しく強める。乾燥には弱い
小	中	中	新梢は節間長くよく伸び、穂木は多数採取できる。接ぎ木後、穂木の勢力を著しく弱くする
大	中	強	接ぎ木後、穂木の勢力を著しく強める。乾燥に強い
中	中	強	新梢はよく伸長し節間は長い。乾燥に強い
中	中	中	接ぎ木後、穂木品種をかなり強く生育させ、早くから結果させる
中	中	強	接ぎ木後、穂木品種をかなり強くし、早くから結果させる。土壌適応性が広い
中	中	中	挿し木発根がよく、根が太く強靱である

ルビーオクヤマを交雑して育成した２倍体品種で、２００９年に品種登録された。熟期は８月下旬。果皮色は鮮紅色、果粒重は12～15ｇになり、果肉は崩壊性で硬く皮ごと食べられる。雄ずい反転性であるためジベレリン処理が必須となる。成熟期に果粒が萎むことがあるが、ジベレリン処理時にフルメット液剤を加用すると軽減される。

ピッテロビアンコ（欧州系、写真１－３④）

イタリアまたは北アフリカの在来種で、日本には川上善兵衛氏が１８９９年に導入した。果皮色は黄緑色、果粒は先端がとがった弓形でレディーフィンガーともいわれている。果粒重は７ｇ程度、果肉は崩壊性で硬く果皮が薄く皮ごと食べられる。耐寒性、耐病性が低く露地栽培では裂果が多い。安定栽培には雨よけ施設が適している。

リザマート（欧州系、写真１－３⑤）　旧ソ連ウズベク共和国タシケントにあった旧ソ連国立ブドウ研究所においてカッタクルガンにパルケントスキーを交雑して育成した２倍体品種で、１９６２年に発表された。熟期は８月中下旬。果皮色は紫赤色、果粒は長楕円形で12～14ｇになる。果肉は崩壊性で硬く、果皮が薄く皮ごと食べられる。露地栽培では裂果が多いので、安定栽培には雨よけ施設が適している。

瀬戸ジャイアンツ（欧州系、写真１－３⑥）

岡山県の花澤茂氏がグザルカラーにネオマスカットを交雑して育成した２倍体品種で、１９８９年に品種登録された。熟期は９月上旬。果皮色は黄緑または黄白色、果粒はカッタクルガンに似た短倒卵形で13～16ｇになる。岡山県では「桃太郎ブドウ」として有名な品種である。果肉は崩壊性で硬く、果皮との分離は困難。雄ずい反転性で花粉に稔性がないためジベレリン処理による種なし栽培が前提となる。

ジュエルマスカット（欧米雑種、写真１－３⑦）　山梨県果樹試験場において山梨47号（ジュライマスカット×リザマート）とシャインマスカットを交配して育成した黄緑色の２倍体品種で、２０１３年に品種登録された。開花始めに花穂下部４cmを用いて整房し、満開期および満開２週間後の２回のジベレリン処理を行なって種なし栽培

表1-1　台木の特性

台木品種	両親名	接ぎ木の難易	接ぎ木後の樹勢	挿し木発根の難易	根の発育状態
41-B	*Chasselas Dore × V.Berlandieri*	易	中	中	拡散性
101-14	*V.Riparia × V.Rupestris*	易	中	易	中間
188-08	*Monticola × V.Riparia*	難	強	易	拡散性
1202	*Mourvedre × Rupestris Martin*	易	強	易	拡散性
3306	*Riparia Tomenteux × Rupestris Martin*	易	中	易	中間
3309	*Riparia Tomenteux × Rupestris Martin*	易	中	易	中間
イブリッド・フラン	*V.Rupestris × Cabernet Sauvignon*	易	強	中	拡散性
グロワール	*Riparia Gloire de montperier*	易	弱	易	集中性
セントジョージ	*Rupestris Saint-Georges*	易	強	中	拡散性
テレキ5BB	*V.Berlandieri × V.Riparia*	易	中	易	中間
テレキ5C	*V.Berlandieri × V.Riparia*	易	中	易	中間
テレキ8B	*V.Berlandieri × V.Riparia*	易	中	中	中間
SO4	*V.Berlandieri × V.Riparia*	易	中	易	中間

「昭和58年度種苗特性分類調査報告書」（昭和59年3月 山梨県果樹試験場）から抜粋して編集

とする。30粒程度に摘粒すると600gほどのボリューム感のある美しい果房となる。果肉は硬く締まり皮ごと食べることができ、酸切れが早く食味は良好である。

3 台木品種

ブドウはいったん植え付けると、10年20年と長年にわたり栽培していく。その生育を地下部で支えるのが台木品種である。

ブドウは挿し木で簡単に増やすことができるので、鉢やプランターで栽培する場合には、挿し木した苗（自根苗）で栽培してもかまわない。しかし、圃場で経済栽培を行なう場合は、一般に接ぎ木苗を用いる。これは、フィロキセラという根に寄生する害虫を防ぐためで、一度寄生されてしまうと駆除は非常に困難になる。接ぎ木に使われる台木はこの害虫に抵抗性を有している。

また、台木は品種により穂木の樹勢の強弱や耐乾性、耐湿性、石灰抵抗性などが異なる。このため、土壌や穂品種に適した自分が意図する台木を選ぶことができる。たとえば樹勢を落ち着かせたい場合は矮性のグロワールや準矮性の101-14などを選ぶ。一方、1樹で樹冠を拡大したい場合や樹勢低下が問題となるハウスでは1202やセントジョージなどの強勢台を選ぶとよい。表1-1に、国内で流通している台木の特性を示した。ブドウ専門の苗木業者から購入する場合であれば台木を指定することもできる。購入の際には問い合わせてみてもよい。また、台木のみの販売も行なわれているので、自園にあった苗を自作することもできる（写真1-4）。

写真1-4　土壌や穂品種に適した台木を選び、自家養成してもよい

基本編

第2章

既存園・樹の引き継ぎ方

何に気を付け、チェックしておいたらよいのか? 継続性と更新の見通し

農業の担い手の高齢化や後継者不足が全国的に問題となっており、遊休農地も増加している。一方で、最近では収益性の高い経営を行なっている生産者や生産法人において、若い後継者や新規参入者が就農、就職している例も多く見られる。

ここでは、新規参入者がブドウ栽培を始める前にぜひチェックしておきたいポイントを確認する。

1 まずやりたい樹相診断

経済栽培が行なわれていた園を引き継ぐ場合は、樹体もそれなりに管理がなされていると思われるが、生産性が高い樹かどうかは、樹を見ればおおむね判断できる。

生育期であれば、新梢の伸び具合、棚の明るさ、副梢の発生状況などをチェックする。もちろん果実の房型や着色などもチェックする。休眠期であれば結果母枝の長さや太さ、古ヅルの処理方法などをチェックする。先述したような適正な樹相に合致しているかどうかをまず診断したい。適正樹相に導くためには、せん定や施肥、収量調整などの管理が的確になされていなければならないが、もしも、引き継いだ樹が極端に弱樹勢であったり、逆に強樹勢であったりした場合は、1年では解消できないので、改植も念頭におきながら計画的に改善していく必要がある。

2 園主に聞いておきたい樹・園の来歴

●苗木の入手先は?

ブドウの病害のなかには、果実品質や収量、樹勢に悪影響を及ぼすウイルス病や細菌病があるが、これらに感染していても外観からは判断できない。ウイルス病は接ぎ木による感染がほとんどなので、苗木の入手先や由来はぜひとも確認しておきたい。信頼できる種苗業者からの入手であれば問題はないが、複製したものであれば元の果実品質はどうであったか確認しておく必要

がある。

引き継いだ園において、適正な管理を行なっていても低糖度や着色不良が問題となる樹ではウイルスの感染を疑い、早めに淘汰し、優良樹に更新する。最近ではウイルスフリーの苗木が主流となっているが、改植や新規植え付け時など、苗木を購入する際は業者に確認をしておくと安心である。

●品種・台木は?

園を引き継ぐ場合は当然、品種や台木の確認をされていると思う。植栽されている品種が自分の意図する品種であれば問題はないが、時代のニーズに合致しないような品種なら早めの改植をお勧めする。また、意図する品種であっても、望む樹勢に導くことが難しい場合や土壌や品種にマッチしていない台木であれば、早めに改植したほうがよい。

以下に改植時、品種選択にあたっての留意点について挙げておきたい。

〈美味しさに加え食べやすい品種〉

野菜や花とは異なり、果樹は結実し成園になるまでに数年を要する。そのため将来を見越した品種選択がきわめて重要となる。また、趣味でつくるのと異なり、経済栽培を目指す以上は販売できなければ始まらない。

近年、消費者の食味への要求は高まっており、美味しさに加えて「食べやすさ」も重要な要素となっている。そうしたなかで人気が高まっているのがシャインマスカットでありナガノパープルである。両品種とも種なしで大粒、果肉が噛み切れるような硬い肉質で、皮ごと食べることができる。甘さ、美味しさに加え、「食べやすさ」が消費者志向になっている。

〈種なし化が容易な品種〉

現在は「種なし」であることが消費者がブドウを購入するときの前提条件になっている。種なし化はジベレリン処理によりほとんどの品種で可能となっているが、ショットベリー(小果粒)の着粒も助長するので、花蕾数が多い品種では摘粒に非常に手間がかかるといった問題も生じる。たとえば甲斐路やネオマスカットなどでは種なし栽培は難しいとされている。品種を導入する際にはこういった問題にも留意しておく必要がある。

〈栽培性に問題が少ない品種〉

どんなに果実品質が優れていたとしても、栽培が難しい品種は導入すべきではない。裂果が発生せず、病害にも比較的強い品種を選択する。

〈裂果しにくい品種〉

とくに欧州系の高級種といわれる品種のなかには、雨の多い露地で栽培すると成熟期に裂果するものがある。果皮が薄く果肉が硬いので、皮ごと食べられて食味のよい品種が多いが、ベテランでも栽培が難しい。雨よけ施設のない露地では避けたほうがよい。

〈病気に強い品種〉

べと病や黒とう病、晩腐病など、大発生させてしまうと減収につながる。薬剤の予防散布はしていても、弱い品種は降雨が多いと壊滅的な被害を被ることがある。雨よけ施設がない場合は、病気にかかりにくい品種を選ぶようにする。

〈短梢せん定に適応した品種〉

最近は省力化の観点から短梢せん定栽培を選ぶ農家も増えている。その場合、このせん定が可能かどうかも品種選択の判断基準になる。短梢せん定栽培は一律に1芽残して切除するが、品種によっては花穂の着

表2-1　各品種における短梢せん定栽培の適応性

分類	品種	適応性	備考
巨峰系黒色	ピオーネ	○	果実品質は長梢せん定と同等、省力化も期待できる 極端に樹勢が強いと房形が乱れることも（房が横に張る）
	藤稔	○	果実品質は長梢せん定と同等、省力化も期待できる 新梢が折れやすいので誘引に注意が必要
	ブラックビート	○	
	巨峰	○	果実品質は長梢せん定と同等、省力化も期待できる
	ダークリッジ	○	
	サマーブラック	○	
巨峰系赤色	サニールージュ	○	果実品質は長梢せん定と同等、省力化も期待できる 花穂伸長処理を併用すると、カサ・袋かけ作業も容易に
	安芸クイーン	△	栽培は可能。省力化も期待できるが、年により着色が不安定になることがある
	ゴルビー	△	
	クイーンニーナ	○	果実品質は長梢せん定と同等、省力化も期待できる 樹勢がやや弱いので、新梢管理の手間が比較的少ない
巨峰系白色	翠峰	×	基芽の房もちが悪いため短梢せん定栽培は向かない
	多摩ゆたか	○	果実品質は長梢せん定と同等、省力化も期待できる
	ハニービーナス	○	
	サンヴェルデ	×	房もちがやや悪く、芽座が欠損しやすいので短梢せん定栽培は向かない
	デラウェア	□	栽培は可能。しかし、果房も小さくなり、また7尺5寸間では長梢せん定栽培に比べ収量が少ない
	キングデラ	□	
欧州系黒色	オリエンタルスター	○	果実品質は長梢せん定と同等、省力化も期待できる
	ブラジル（有核）	○	
	ウインク	×	基芽の房もちが悪いため短梢せん定栽培は向かない
欧州系赤色	赤嶺（有核）	×	着色が不安定になりやすい 弱めの樹勢で果実品質が優れるので長梢せん定栽培が向く
	サニードルチェ	○	果実品質は長梢せん定と同等、省力化も期待できる やや強めの樹勢で果実品質が優れる 新梢が折れやすいので誘引に注意が必要
	甲州（有核）	□	栽培は可能。大きな省力効果は期待できず、果房も小さくなるので長梢せん定栽培が向く
欧州系白色	シャインマスカット	○	果実品質は長梢せん定と同等、省力化も期待できる
	天山	×	基芽の房もちが悪いため、短梢せん定栽培は向かない
	ロザリオビアンコ（有核）	×	

※ ○：適応可能、△：適応できるが、一部問題あり、×：短梢せん定栽培は向かない、□：栽培はできるが、利点が少なく長梢せん定栽培が向く

生がよくないものもある。短梢せん定を前提とする場合は、花穂着生がよい品種を選択する（表２－１）。

〈出荷量が確保できる品種〉

市場や農協に出荷する場合、出荷した品種が評価を得るには、毎年継続してある程度の量が出回り、認知される必要がある。さらには、選果などが徹底され、出荷されるブドウの規格・品質・糖度などが高いレベルで平準化していることも、評価を高め高値販売するためには重要となる。地域や生産者団体などで連携して、全体で一定の集荷量を確保していく努力も大切である。

表２-２　整枝法別植え付け間隔と本数の目安（平行整枝短梢せん定）

整枝法	植え付け間隔（m）	植え付け本数（本）
一文字	16×2.2 （片側主枝長８m）	28
Ｈ　型	14～16×2.2 （片側主枝長７～８m）	14～16
WH型	12～14×2.2 （片側主枝長６～７m）	8～9

植え付け本数は７尺５寸間・10aあたり

表２-３　植え付け本数の目安（長梢せん定）

品種	植え付け本数の目安（10a・成園、本）		
	土層が浅い	土層中程度	土層深い
デラウェア	7～8	6～7	5～6
巨峰・ピオーネ	6～7	5～6	4～5
甲斐路	5～6	4～5	3～4
甲州	6～7	5～6	4～5
シャインマスカット	5～6	4～5	3～4

●改植か現状維持か?

現状で収益が確保できれば、当面は改植の必要性は低いが、いずれ将来的には品種の更新は必ず必要となる。収益を向上させ経営の安定を図るには、収益性の低い品種や生産性の低くなった老木から、先ほど述べたような時代のニーズに対応した収益性の高い優良な品種へ、計画的に改植することが重要である（表２－２、表２－３）。

改植には、園全体を一斉に伐採し改植する「一挙更新」と、既存樹の近くに苗木を植え、植え付けた苗木の樹冠拡大に合わせて、既存樹を縮伐、間伐していく「補植改植」がある。

〈一挙更新の利点と注意点〉

一挙更新では、改植時に大規模な土壌改良が可能で、深耕による土壌の物理的改善や暗渠排水の設置なども進めやすい。また、苗木に十分な日当たりを確保することで、良好な生育を促すことができる。さらに、長梢せん定から短梢せん定への切り替えがスムースにできる。

一方で、成園化するまで未収益期間が長くなるので、計画密植や大苗移植により早期成園化を図る必要がある。

〈補植改植の利点と注意点〉

補植改植は、既存樹で収穫しながら苗木を養成するので、収益を確保しながら樹の更新が進められる。一方で既存樹を残すため、植え付けた苗木の生育が妨げられやすく、また、既存樹と異なる品種や栽培方法（種なしか種ありか）を取り入れる場合、植調剤散布などが同時にできないこともある。

ブドウ栽培のおもな用語

亜主枝　主枝から分岐する骨格枝。主枝と同様に半永久的に使用する。

栄養生長　新梢や根などの栄養器官の生長。

枝変わり品種　枝の突然変異によって生まれた品種。

花芽分化　花芽を形成する過程。ブドウでは新梢の腋芽内に形成される。

花穂　ブドウの小花が集合したもの。開花までは花穂と呼び、結実後は果房と呼ぶ。

花冠　キャップとも呼ばれる。花弁にあたる部分。ブドウでは展開せずに離脱する。

活着　接ぎ木した穂と台木の組織が癒合し、養水分が流動する状態。

果粉　果粒の表面に形成される白粉状のロウ物質（＝ブルーム）。

果房　穂軸に果実（果粒）が集まって構成された房。ブドウでは果実を指す。

空枝《から》　着果させない枝のこと。

気孔　葉裏などに存在する小さな孔状の器官。光合成や呼吸のガス交換を行なう。

拮抗作用　ある成分が多量に存在することで、他の成分の吸収が妨げられる現象。ブドウではカリ過剰による苦土欠乏が代表例。

犠牲芽《ぎせいが》**せん定**　枝の枯れ込みを防ぐため、組織の硬い芽の部位でせん定する方法。

旧年枝　2年生以上の枝（結果母枝は1年枝）。

休眠期　秋から春にかけて見かけ上、生長を停止している時期。

切り返し（せん定）　結果母枝や旧年枝を下位の枝（主幹に近い部位）まで切除するせん定方法。

切り詰め　枝を切り詰めること。

車枝　隣り合った芽から左右に枝が発生している状態。車枝の部位より先端は生育が弱くなりやすい。

黒ヅル　古い旧年枝。せん定ではなるべく黒ヅルは残さないように心がける。

形成層　枝の組織で細胞分裂が盛んな部分。接ぎ木では穂木と台木の形成層を合わせることが重要。

結果母枝　1年枝。新梢を発生させる枝。

結実　果粒が落ちずに着生すること（＝実止まり）。

光合成　光エネルギーを利用し、水と二酸化炭素から炭水化物を生産する作用。

耕種的防除　化学農薬を使わず栽培法の改善などで病害虫や雑草を防除すること。ブドウでは巻きひげの切除や粗皮削りなどが行なわれる。

小張り線　杭通し線の間に、新梢や結果母枝を誘引するために張られた線。

さし枝　主枝の先端方向に向かって伸びている強勢な新梢や結果母枝。

散光着色品種　果実に光が直接あたらなくても着色する品種。（↔直光着色品種）

自発休眠　生育に良好な温度条件に遭遇しても発芽しない状態。自発休眠の覚醒には一定の低温遭遇やシアナミド処理などが必要。

主芽　最初に腋芽内に分化した芽。最初に発芽する大きな芽。

主幹部　地際から主枝を分岐するまでの幹となる部分。

樹冠　枝が棚面を覆っている範囲。

受精　柱頭に付着した花粉が発芽

し、その核が胚のう内の卵核と結合すること。

樹勢　樹の勢い。勢力（樹勢が強い、樹勢が弱い）。

ショットベリー（shot berry）無核の小さな果粒のこと。

新梢　その年に伸長した枝。

清耕栽培　圃場に草を生やさずに栽培する方法。

生殖生長　植物が次世代を残すための花芽分化や開花、受精、成熟にかかわる生長過程。

側枝　主枝や亜主枝から発生している枝で結果部位を形成する枝。

台木品種　繁殖のため穂品種を接ぐ台となる品種。ブドウではフィロキセラ抵抗性の台木が利用される。

他発休眠　温度などの環境条件が整わず、発芽しない状態。自発休眠覚醒後、温度環境が好適になれば発芽する。

多量要素　植物の生育に必要な元素のうち、多量に必要とされる成分。チッソ、リン酸、カリ、石灰、苦土（マグネシウム）など。

摘心　新梢の先端部を切除すること。新梢の伸長抑制や結実確保を目的に行なわれる。

摘粒　密着した果粒を除去し、房型を整える作業。

直光着色品種　果実に直接光があたらなければ着色しない品種。（↓散光着色品種）

展葉　葉が開いた状態。展葉した葉の枚数が生育ステージの目安として利用される。

登熟　新梢が褐色になり木質化する現象。

徒長枝　非常に強勢な生長をする枝。

飛び玉　着色始め期に果房の中の数粒が先行して着色する様子。

肉質　ブドウの果肉の性質。
　塊状：果皮と果肉が分離して果肉が噛み切れない、**崩壊性**：果皮と果肉が分離しにくく、果肉が噛み切れるもの、**中間**：塊状と崩壊性の中間的性質、の三つに分類される。

ねん枝　新梢の基部をねじ曲げること。強勢な新梢を棚面に誘引するときに行なう。

剥皮性　果皮と果肉の分離のしやすさ。

微量要素　生育に必要な元素のなかで、必要量が微量である元素。ブドウではマンガン、ホウ素などが重要。

副芽　一つの芽から複数の新梢が発生した場合、最初に発生した芽（主芽）に対し、遅れて発生する芽。

副梢　生育期に新梢の腋芽から発生する枝。

房づくり　花穂の支梗を除去し、花穂の形を整えること。

物理的防除　ビニール被覆、カサ・袋かけなどの物理的方法により病害虫を防除すること。

不定芽　結果母枝の芽以外から発生する芽。旧年枝の節部から発生することが多い。

ベレーゾン　果粒肥大Ⅱ期からⅢ期の転換期。果肉が軟らかくなる（水が回る）時期。

穂木　接ぎ木を行なう際、台木に接ぐ枝のこと。

負け枝　先端の枝の勢力が、基部側の枝より弱くなる状態。

間引き（せん定）　結果母枝や新梢を発生部位から切除する方法。↓切り返し

基肥　年間の生育のために施用される肥料。おもに収穫後の秋季に施用される。

誘引　新梢や結果母枝を棚面や支柱に固定すること。

有機質　植物体や堆肥、骨粉など動植物由来の資材。

礼肥　収穫後に貯蔵養分の蓄積を目的に施用される肥料。チッソ主体の速効性肥料が使われる。

第3章 実際編

12〜3月——休眠期の作業

整枝せん定は技術の結晶 樹勢にもっとも影響する管理作業が整枝せん定です

新規就農者や経験の少ない農家は「ブドウの栽培管理作業では、せん定がもっとも難しい」という。とくに長梢せん定樹は難しいと思うひとが多い。これは、結果母枝を一律に何芽、何cm残して切るといったやり方ができず、樹勢に応じた切り方が必要となるからであろう。品種の特性を踏まえ、樹の生育状況に応じて適切に行なうことが必要なせん定は、個人の技能によるところが非常に大きい。

1 整枝せん定の目的

「整枝」とは枝の誘引や樹形を整えること、目的に応じて枝を切ることを「せん定」という。その目的は、樹の勢いや特性を考慮しながら、品質のよい果物を毎年安定して収穫できるようにすることである。バランスよく枝を配置してスペースを有効に活用するとともに、陽光を最大限に利用できるようにし、また管理作業がしやすいように樹形を整える。

2 「負け枝」をつくらない

ブドウ樹の特性の一つは「負け枝」が発生しやすいことである。根元に近い部位や主幹に近い部位から発生する枝はよく伸び、年々太っていくが、これらよりも主幹から遠い部位から発生している枝は生育が妨げられ、衰弱してくる。この衰弱した枝を「負け枝」と呼んでいる。「負け枝」となった部分の果房の品質は悪く、熟期も遅れぎみになる。せん定にあたっては、この「負け枝」を発生させないように注意を払わなければならない。

「負け枝」をつくらないという点では共通しながら、樹冠拡大や樹形維持の安定性、作業性の違いなどから、ブドウ樹の仕立てはX型長梢せん定と短梢せん定との大きく2タイプに分けられる。

3 長梢せん定の特徴と仕立て方

●X型長梢せん定法の特徴

「X型長梢せん定法」は山梨県勝沼の土

屋長男氏により創案された。従来行なわれてきた放任に近い自然形整枝の欠陥を指摘し、改善を加えて構築された画期的な整枝せん定法である（写真３－１）。「負け枝」を防ぎつつ樹冠を拡大していくこの整枝せん定法は、開発から60余年を経過した現在においても色褪せることなく、すべての品種に適応し、日本のブドウの栽培安定の基本技術となっている。以下に述べる長梢せん定仕立ての考え方もこの「X型長梢せん定法」を踏襲しており、その特徴は、次のとおりである。

写真３－１　X型長梢せん定樹
樹冠拡大、樹形維持の安定性からブドウづくりの基本の樹形となっている

・樹冠の拡大が速やかで、早くから収量を確保できる。早期成園化が可能。
・棚の空いた部分に自由に枝が配置できるので、棚面を有効に活用できる。
・残す結果母枝を選べるので、果実品質が安定する。
・結果母枝のせん定程度を加減できるので樹勢のコントロールがしやすい。
・せん定だけでなく、芽かきや誘引により新梢勢力を揃えることができる。
・すべての品種において適用が可能。

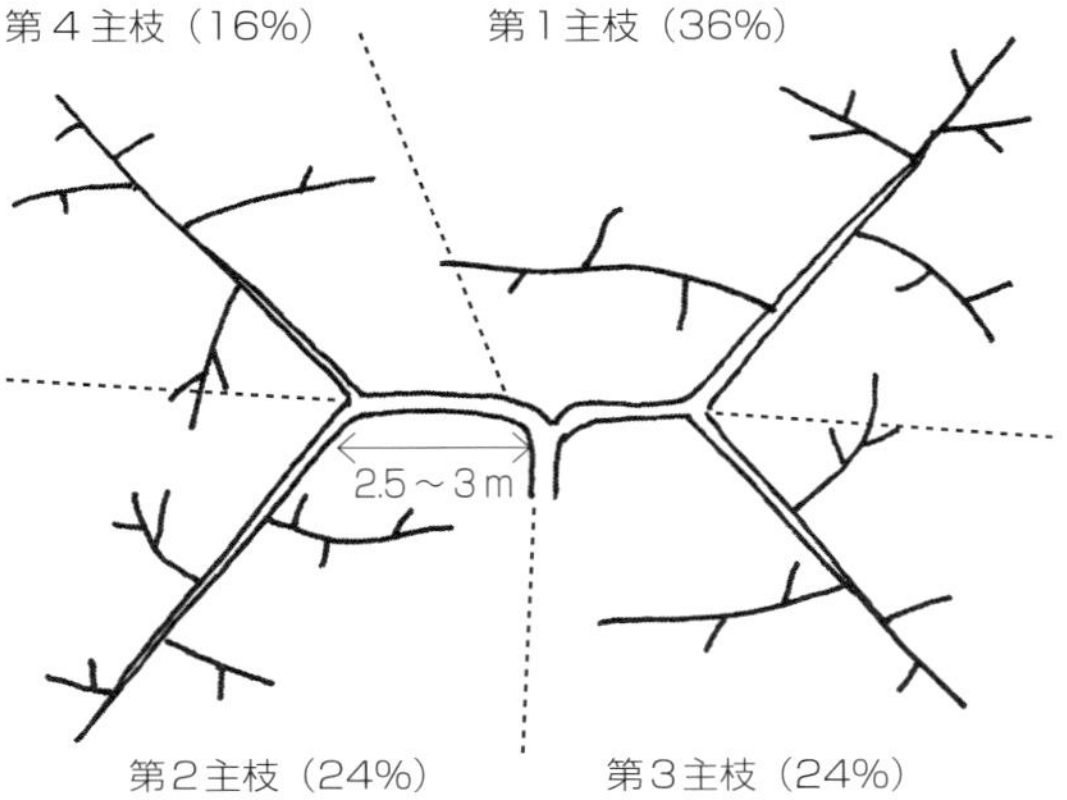

（土屋長男原図）
図３－１　X型整枝の基本樹形
（カッコ内の数字は樹冠面積の割合）

●長梢せん定の留意点

X字型整枝では、主枝の勢力を保ちながら樹冠を拡大していき、最終的には図３－１のような樹形を目指す。樹形が完成したら長年にわたり樹勢を維持しなければならない。整枝せん定では以下の点に留意する。

主枝はまっすぐ伸ばす…養水分の幹線である主枝は素直に伸ばし、主枝から分岐する枝よりもつねに強く保つ。

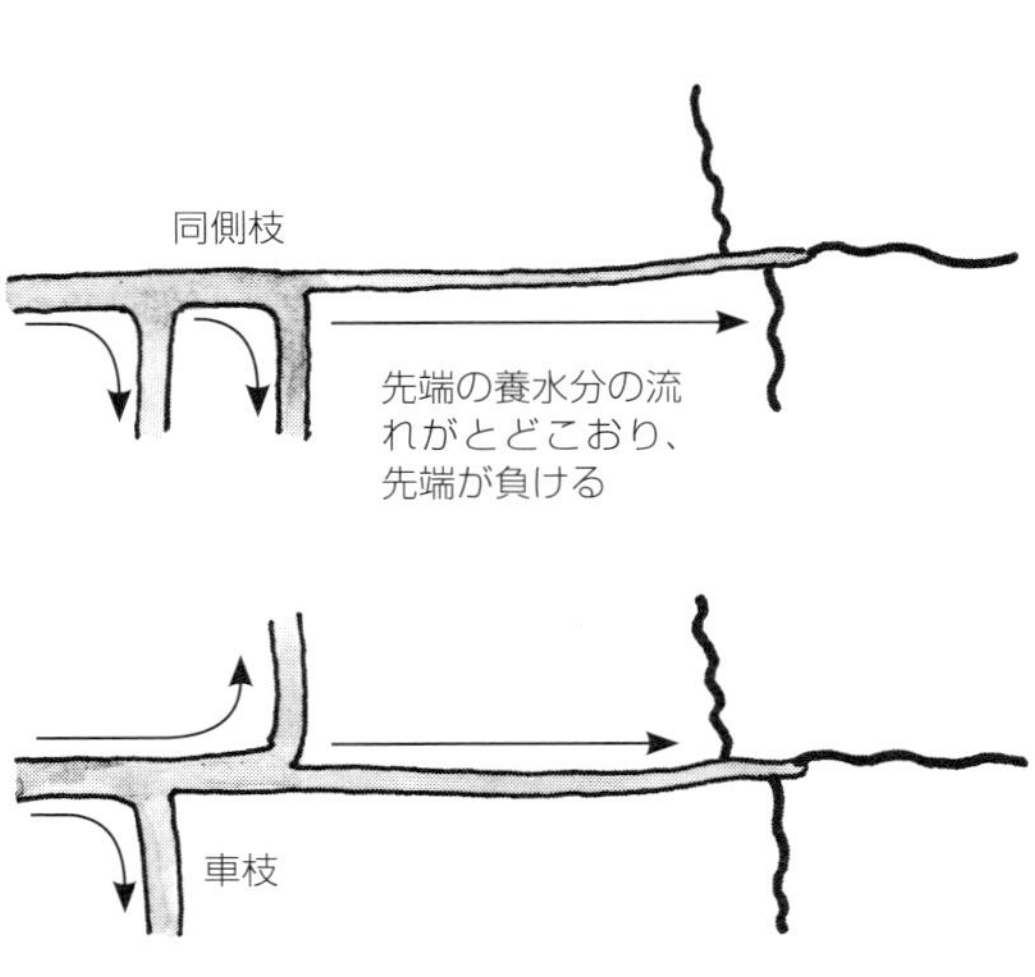

図３－２　同側枝と車枝の影響（模式図）

同側枝、車枝は先端部を弱らせる…片側に連続して枝を残すことを「同側枝」、近接して左右に配置した枝を「車枝」と呼ぶが（図3‐2）、このような状態になると先端の勢力を弱らせてしまう。枝は交互に、一定の間隔をとって配置する。

新梢が多い側枝ほど強勢になる…先端部と枝数（芽数）が同程度の側枝は、側枝のほうが強勢になりやすい。側枝の芽数は先端部よりも少なくする。

基部に近いほど強勢になる…主幹に近い枝ほど根からの距離も近いため養分が供給され、強勢になりやすい。主幹に近い部位に大きな側枝を配置すると、先端部が衰えてしまうので、せん定の際には、側枝をあまり大きくしないことが肝要である。

先端に向かっている枝ほど強くなる…先端のほうを向いた結果母枝は強勢になりやすいので、基本的には切除する。枝の配置上残す必要がある場合は、なるべく弱めの結果母枝を残すようにする。

空間をゆったりと確保する…モモやスモモは、せん定で残した枝に果実が着くが、ブドウは発生した新梢の途中に果房が着く。新梢が伸びて果房が着いた状態を想像しながらせん定作業を行なう。

●結果母枝の切り方

健全に生育している樹の結果母枝のせん定例を以下に示す。

図3‐3のように、先端の結果母枝①は10～15芽程度に切り詰め、先端から2番目と3番目に発生している結果母枝a、bは間引き、②を5～10芽程度に切り詰め残す。さらにc、dを間引き、③を残す。さらに2本を間引き、④を残す。さらに2本間引いて⑤を残す。

側枝Ⓑのせん定も先端を残し、2本間引いて残す方法で切っていく。このとき、Ⓑの部分の枝数が多いと、先端のⒶの部分が「負け枝」になり、よい果房が生産できなくなるので、Ⓑの枝数はⒶの3分の2以下に少なくする。

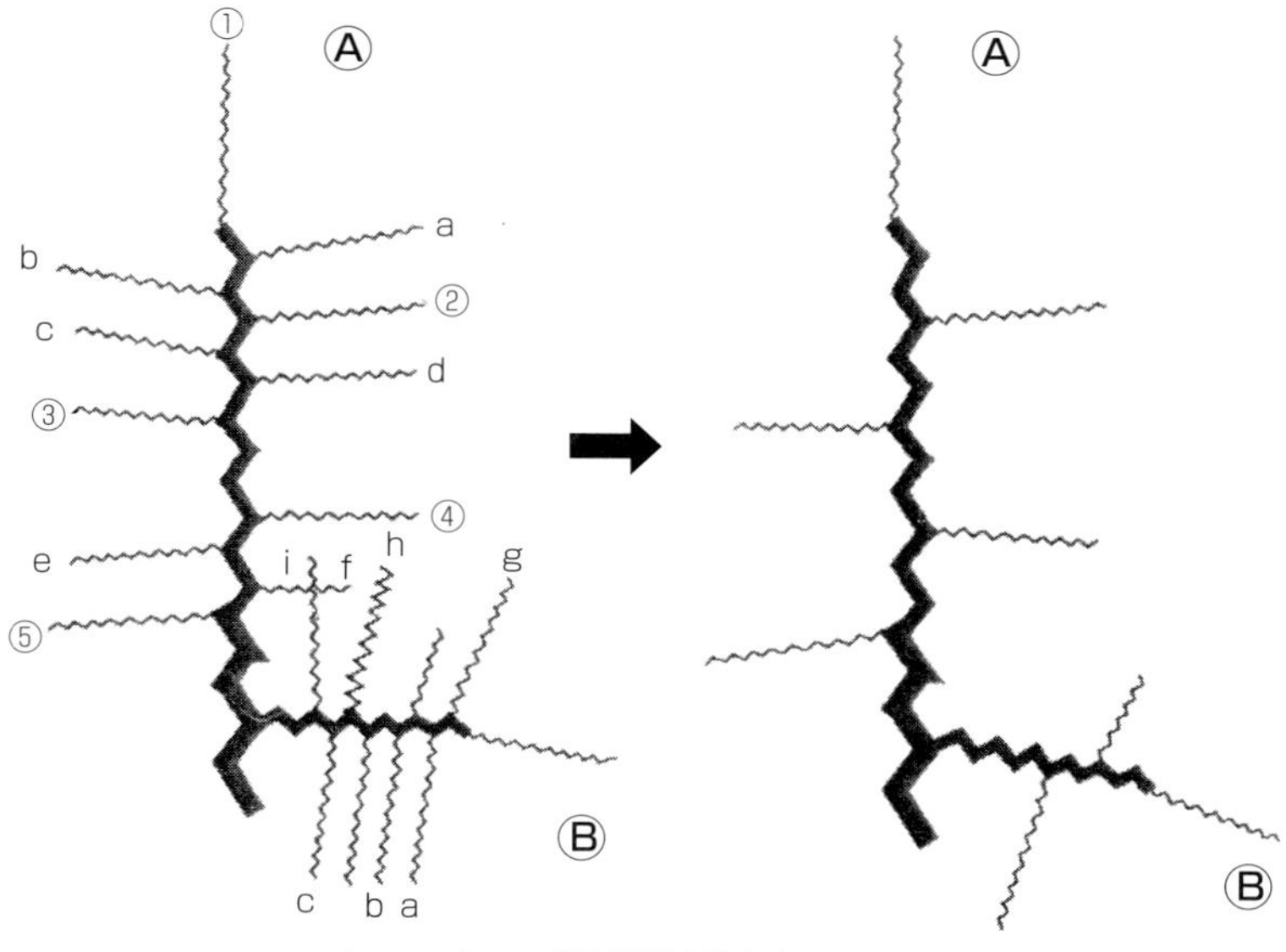
a、b、c、d、e、fは間引きせん定
g、h、iはさし枝のため除去する

図3‐3　結果母枝のせん定例

せん定の留意点は以下のとおりである。

残す枝の選び方…節間が詰まっていて徒長していない枝を優先的に残す。枝を切ってみて断面が円形に近く、髄の部分が小さいものがよい枝である。スカスカになって枯れ込んでいる枝や登熟が不良な枝は、残しておいても発芽しないので、たとえよい部位にあっても切除する。

長く伸びた新梢はあまり短く切り詰めない…長く伸びた枝を短く切り詰めて芽数を少なくすると、残った芽に養分が集中しすぎて勢いよく伸びてしまう。強すぎる新梢にはよい果房は着かない。

短い新梢は短く切る…短くて細い新梢を長めに残すと、残した芽から発生する新梢は短く弱いものになる。樹冠も広がらず、樹は衰えてしまう。

古い枝は更新する…古い枝はなるべく新しい枝に更新する。古い枝からは新梢が発生しないので、養分を消費するだけになる。

次にこの長梢せん定樹の仕立て方の手順を示す。

●仕立ての手順（図3-4）

①1年目

新梢が旺盛に生育して棚上に2m以上伸びている場合は、3分の2程度残して切り詰める。棚下30～50cmの部位から発生している副梢を第2主枝とするが、第1主枝と

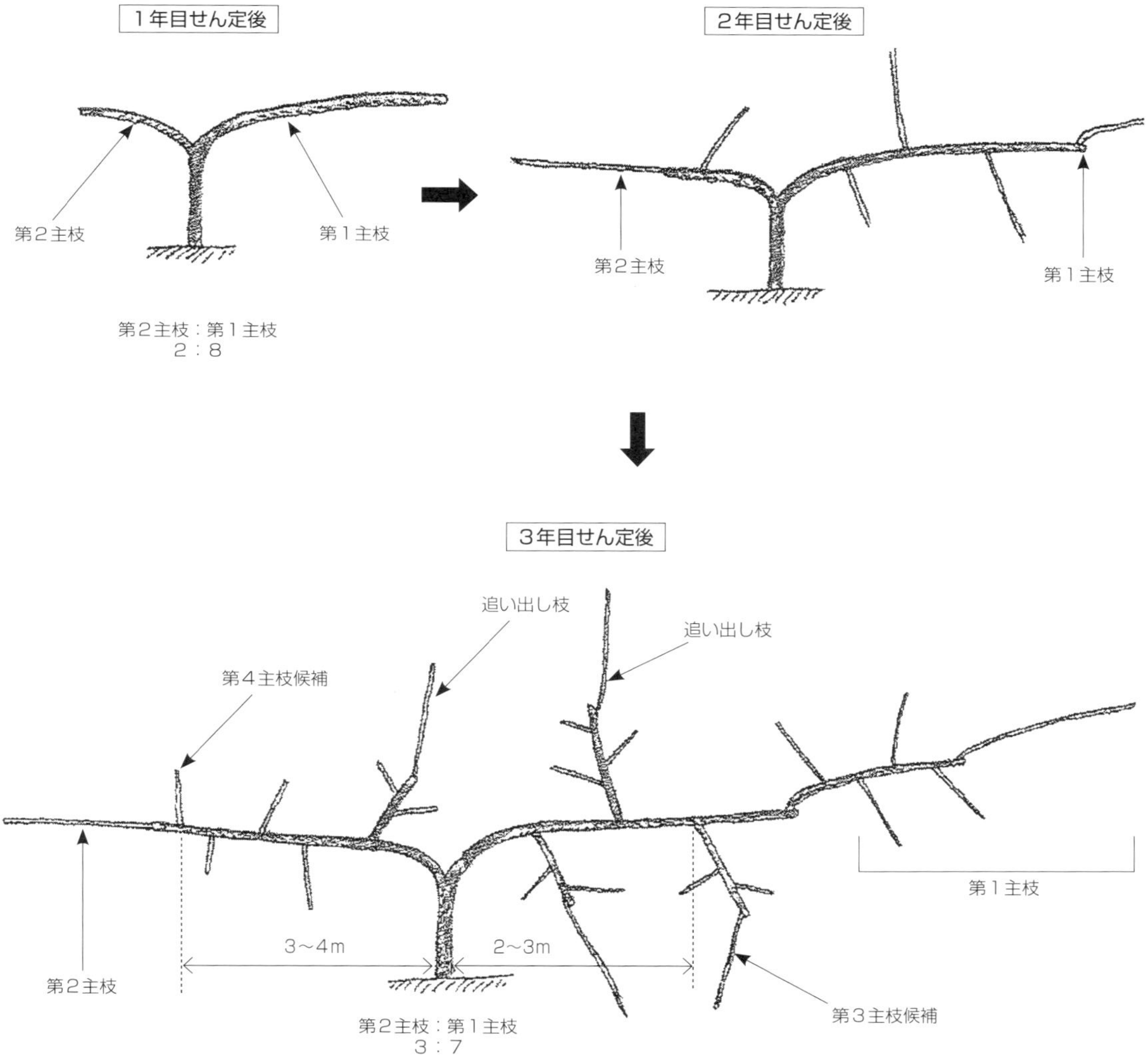

図3-4　X型長梢せん定樹の仕立ての手順（1～3年目）

一文字整枝長梢せん定

（ロケット式一文字整枝、写真a）

この整枝法は山梨県東八代郡八代町（現在の笛吹市）の奴白和夫氏がロザリオビアンコの安定栽培を目指すなかで開発された。

ロザリオビアンコは品質が優秀であることから将来性を強く期待された一方、樹勢が旺盛で発芽が揃いにくいため意図する樹形へ導きにくく、スムースな樹冠拡大や早期成園化が難しい品種であった。奴白氏はこの問題解決に向け整枝法の改善に取り組み、独特な本整枝法を開発した。

先端方向に向かう強い枝が存在せず、落ち着いた返し枝のみで構成されているこの整枝法は、樹勢が落ち着きやすくブドウの品質もよく、早期成園化にもつながることから、現在ではシャインマスカットなど多くの品種で採用されている。

仕立て方の特徴としては、

①主枝2本をまっすぐに配置し、亜主枝をつくらず、すべて側枝で構成する。

②主枝の伸長方向に向かって発生する枝はすべて切ることで側枝の長大化を抑え、主枝先端の勢力を保つ。

③側枝は主枝の先端方向と反対側、つまり主幹部側への返し枝をおき、樹冠を埋めていく。

仕立てる手順は以下のとおりである。

植え付けから1年目の仕立て方法はX字型整枝と変わらない。すなわち、棚上に第1主枝候補の新梢が2～3m伸びた場合は3分の2程度に切り詰める。棚下30㎝程度の位置から発生した副梢を第2主枝とし、勢力差を8：2程度にする。各主枝は棚上にまっすぐ一文字に誘引する。

2～3年目は、第1主枝に側枝を1～2本とし、第2主枝には側枝をつくらない。主枝の先端はまっすぐ誘引し、側枝は主枝に対して90度以上返して誘引する。

3年目の冬季せん定では各側枝の先端方向に向かっている結果母枝をすべて切除し、主幹方向に向かっている中庸な結果母枝を4またはは6芽おきに配置するが、配置する結果母枝は元から50㎝以上の距離をとる。

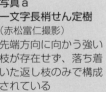

4年目以降も先端方向に向かっている結果母枝はすべて切除し、主幹方向に向かっている中庸な結果母枝で棚を埋める。懐ろの側枝が重なり始め、長さも2間（4.5m）を超えるようになったら根元から切り落とすことになるが、第1主枝の側枝の総数は第2主枝よりも多くおき、主幹からの距離も近くにおく。

写真a
一文字長梢せん定樹
（赤松富仁撮影）
先端方向に向かう強い枝が存在せず、落ち着いた返し枝のみで構成されているの勢力差を8：2程度とする。せん定後に第1主枝が棚上に1m程度しか残せなかった場合は、副梢を切除し、第2主枝は翌年の伸びた新梢を使う。

新梢が伸びたものの十分に生育しなかった場合は棚下1m程度で切り詰め、翌年に強めの新梢を発生させる。

②2年目

主枝の延長枝は強さに応じて2分の1から3分の2程度残して切り詰める。ほかの結果母枝は主枝先端の結果母枝よりも強い枝は切除し、基本的に2芽おきに交互に残す。なお、副梢は、種あり栽培で樹勢を落ち着かせたい場合以外、基本的には用いない。

③3〜4年目

第3主枝と第4主枝の候補となる枝を決め養成する時期となる。第1主枝側に第3主枝を第2主枝側に第4主枝を配置する。第4主枝を分岐させる位置は主幹から3〜4m離れた位置に取り、第3主枝の分岐よりも主幹からの距離を長くとる。各主枝の先端の勢力を保つため競合するような強い枝は配置しないようにする。

主幹から第3、第4主枝の分岐までの間にある枝は将来、樹形が完成したら切除しなくてはならないことになるが、強せん定を避けるため数年間は「追い出し枝」として活用する。

この年代では第1主枝側と第2主枝側の勢力差（芽数の差）は7：3程度とする。

④5〜6年目以降

各主枝には亜主枝候補や側枝が配置されてくる。主枝間の勢力差を保つため、第1主枝よりも第3主枝の枝数を、第2主枝よりも第4主枝の枝数を少なくする。各主枝の目標とする占有割合（勢力差）としては第1主枝が36％、第2主枝と第3主枝がそれぞれ24％、第4主枝が16％とする。

各主枝に配置される亜主枝は将来残す枝であるが、長大化しないように管理する。

⑤樹形完成以降

主枝、亜主枝が確立されほぼ樹形が完成される。樹冠を維持し適正な樹勢を保つように（現状維持の）せん定を行なう。具体的には、側枝の長大化や黒ヅル（結果母枝以外の旧年枝）の増加を防ぐため、切り返しせん定を基本とする。

4 短梢せん定の特徴と仕立て方

平行整枝短梢せん定は岡山県を中心に西日本の産地で広く採用されている（写真3

写真3-2　平行整枝短梢せん定樹
担い手不足、高齢化を背景に省力的な短梢せん定栽培が増えている

-2)。近年は、担い手不足や高齢化など労力不足が背景となり、長梢せん定が主流であった山梨県など東日本においても、省力的な短梢せん定栽培が再評価され、取り組む生産者も増えている。

●短梢せん定の特徴

短梢せん定栽培の長所は次のようなことが挙げられる。

①整枝せん定が単純であり、長梢せん定のように熟練した技能を必要としない。

②新梢の誘引方向が同一で、果房位置が整然としているので、摘心やカサかけ、袋かけなどの作業の進行が効率的になる。

③生育ステージや新梢勢力が揃いやすいので、ジベレリン処理などの作業も一斉に行ないやすく、果実品質も均一になりやすい。

④新梢勢力が強くなるので種なし栽培に適している。

⑤主枝長あたり何房といった目安が立てやすく、収量調節が容易となる。

⑥簡易雨よけ施設の設置が容易であり、設置によりべと病や晩腐病の発生が軽減される。

一方、短所としては次のようなことが考えられる。

①せん定量が加減できないので、樹勢が低下したとき回復させることが難しくなる。

②品種により花穂が着生しなかったり、小型化することがあるので、すべての品種への適用は難しい（表2-1参照）。

③長梢せん定に比べて1年枝内の貯蔵養分が少ないので、初期生育が遅れる傾向にある。

④強い新梢が発生するため摘心作業が必須となる。

この仕立ての導入の利点は、端的にいえば「果実品質を保ちながら管理作業の単純化・省力化が図られる」ことである。経験の浅い栽培者でも、品質の高い果房が生産できるし、管理作業が全般に単純化されているので雇用も導入しやすい。今後、産地維持や規模拡大などに向け、雇用労働力を積極的に活用することを考えれば、作業の単純化は重要な要素となる。

●仕立てはＨ型かＷＨ型で

短梢せん定の整枝方法には片側4本主枝のＷＨ型、片側2本のＨ型、一文字型、オールバック型などがあるが、一般的な平坦地の場合、Ｈ型かＷＨ型を基本とする。

主枝長は品種や土壌条件などによって異なるが、Ｈ、ＷＨ型では片側6～8ｍ程度が適当である。主枝長を長くした場合には基部と先端部に生育差が生じ、管理作業や果実品質に悪影響しやすいので、樹勢が落ち着かない場合は、主枝を長くするより主枝数を増やすようにする。

ＷＨ型で片側主枝長を7ｍとすれば、樹冠占有面積は約１２０㎡となる。したがって、10ａの栽植本数は8本となる。Ｈ型では倍の16本となる。植え付け3～4年目には骨格が形成されるので、できれば間伐は考えずに最終位置に植え付けたい。しかし、成園まではさらに年数を要するので、一文字型を間伐樹として利用する場合もある。

主枝を杭通し線に沿わせるため、植え付け位置は支柱と支柱の中間部になる。長梢せん定樹のように枝を振って棚面を自由に利用できないため、植え付け時には図面に落とし、計画的に行なうようにする。

●仕立て方の手順（図3‐5）

ここではWH型について年次をおって説明しよう（一文字、H型はWHが仕立てられれば容易である）。結果母枝のせん定方法はいずれの整枝法とも共通である。

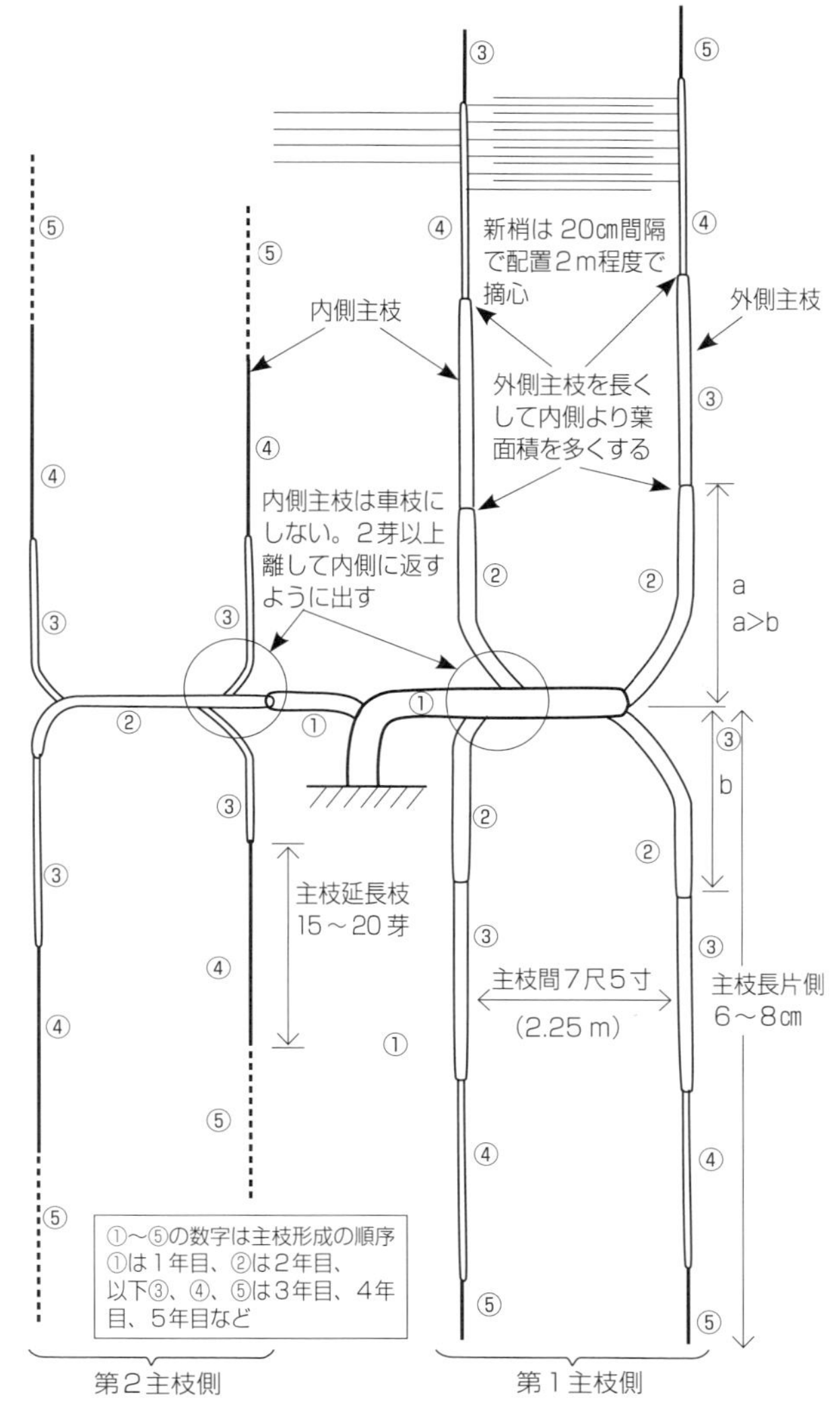

図3‐5　WH型平行整枝短梢せん定の仕立て例

①1年目

棚下30～50㎝の部位から発生している副梢を、長梢せん定樹でいうところの第2主枝とする。この年のせん定では棚上に2m程度、副梢は1m程度を残す。結果母枝が太い場合には芽キズ処理（38ページ囲み参照）を行なう。

②2年目

第1主枝側の結果母枝の先端から発生した新梢（第1新梢）と2番目の芽から発生した第2新梢は、旺盛に伸びていればそれぞれ外側の主枝になる。このため、生育期の緑枝の時期にゆるやかに曲げて誘引しておく。また、内側の主枝候補の新梢についても基部方向に返すように誘引しておく。このとき、主枝候補枝の生育に影響する新梢は、かき取るか摘心してその生育を妨げないように管理する。

また、内側主枝を車枝で配置すると外側主枝が負け枝となってしまうので、必ず2芽以上あけて先から返すようにする。

図3‐5に示したように、冬季せん定時には外側主枝a部の長さはb部よりも長く残して生育期の葉面積を稼ぎ、b部に負けないようにする。なお、残す主枝の長さは太い枝でも20芽程度で切り返し、強めの新梢を発生させる。こうして、しっかりとした芽座を確保する。主枝延長枝にはすべての芽に芽キズ処理を行ない、不発芽による芽座の欠損を防ぐ。

第2主枝側の先端から発生した新梢も、外側主枝とするためゆるやかに曲げて誘引しておく。

③３年目

３年目には骨格が形成されてくる。

第１主枝側では先端から伸びた新梢はまっすぐ誘引するが、太くなりすぎると枝の充実が悪くなり発芽率も低下するので、25芽程度残して摘心し、また副梢も数枚残して摘心して枝の充実をはかる。冬季せん定時の切り返しは20芽程度とし、２年目同様に外側主枝を長く残して葉面積を稼ぐようにする。また、同様に延長枝のすべての芽には芽キズ処理を行なう。

第２主枝側の管理は、２年目の第１主枝側に準じて行なう。

④４年目

主枝の延長枝はまっすぐに誘引する。徒長させると充実が悪くなるので、３年目の管理と同じように25芽程度で摘心し充実をはかる。主枝のねじれを防止するため、発生した副梢は左右均等に誘引しておく。冬季せん定時の切り返しは、やはり20芽程度とし、外側の主枝が長くなるようにする。すべての芽に芽キズ処理も同様に行ない、芽座の欠損を防ぐ。

以降、主枝長を片側６～８ｍまで延長させ樹形が完成する。なお、主枝の長さは土壌の肥沃さなどにより異なってくるので樹勢を見ながらの判断となる。

●結果母枝のせん定

基本的には１～２芽残してその上の芽で犠牲芽せん定を行なう（写真３‐３）。「犠牲芽せん定」とは、枯れ込みを防ぐため組織が硬い芽の部位でハサミを入れるせん定をいう。一つの芽座から２本以上の結果母枝が発生している場合は、主枝に近いほうを残し、芽座の長大化を防ぐ。

不発芽などにより芽座が欠損した場合は、前後の芽座の結果母枝を２～３芽残してせん定し、新梢数を確保する。

芽キズとは

ブドウを含め果樹には「頂芽優勢」という性質があり、先端の芽が優先して発芽する。これは、頂芽から発芽を抑制する物質（オーキシン）が分泌され、下方にある芽の伸長を抑制しているためといわれている。芽キズ処理は、頂芽より下方にある芽の上部にキズ（傷）を付け、先端から移行してくるオーキシンを遮断することで発芽を促進させる。

処理方法は、発芽させたい芽の上部５㎜の部位に、１㎝ほどの幅、深さ２～３㎜（形成層を遮断する深さ）で切り込みを入れる（図）。芽キズ処理専用の市販のハサミもあるが、せん定バサミや糸鋸でも代用できる。

時期は樹液流動が始まる10日程度前が適期である。早すぎると処理した部分が乾燥しやすく発芽が悪くなることもある。逆に遅れると処理部から樹液が流出し、芽がカビたり凍害を受けやすくなったりする。

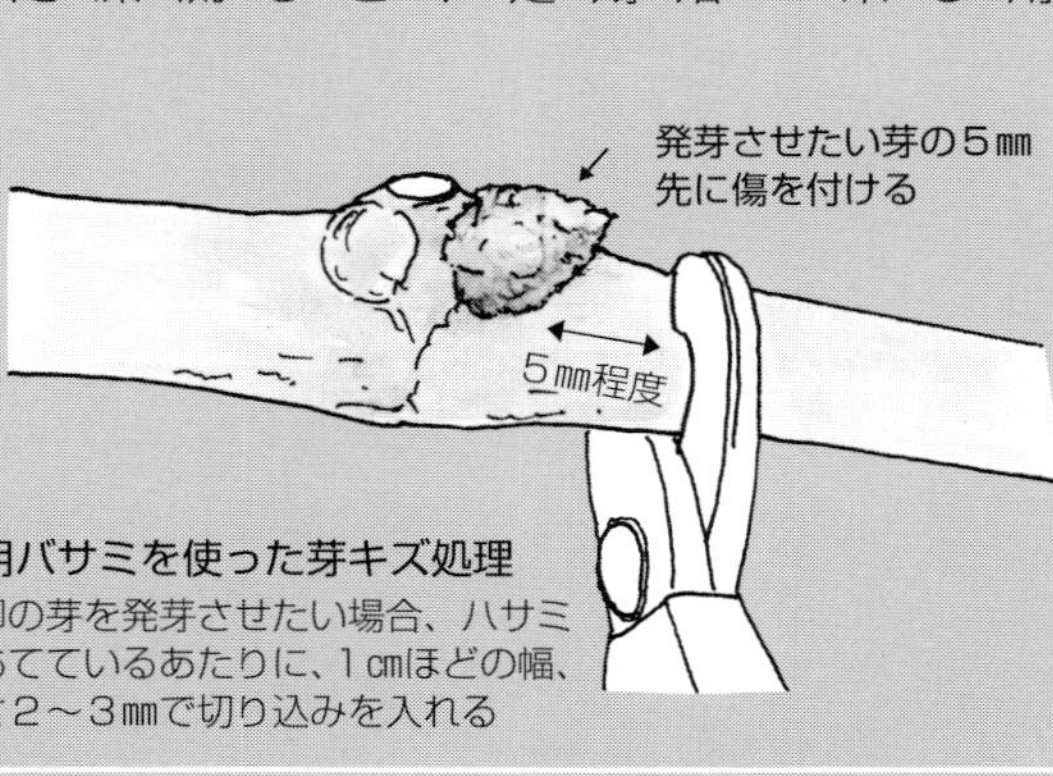

専用バサミを使った芽キズ処理
矢印の芽を発芽させたい場合、ハサミをあてているあたりに、１㎝ほどの幅、深さ２～３㎜で切り込みを入れる

写真3-3　犠牲芽せん定（写真は短梢せん定樹）
枯れ込み防止のため、組織の硬い芽の部位で、つまり芽を犠牲にして切る

せん定の時期は厳寒期を避けるが、積雪が心配される地域では棚の倒壊を防ぐため、あらかじめ5芽程度に荒切りを行なっておく。

5 品種別・栽培タイプ別・作型別留意点

以上、X型長梢せん定と平行整枝短梢せん定の仕立て、その手順やせん定の基本を見てきたが、品種別・栽培タイプ別の向き不向きを整理しておく。

●長梢せん定では

長梢せん定は基本的にいずれの品種でも適用できるが、品種の特性や種なし栽培や種あり栽培といった栽培型、施設栽培や露地栽培など作型によって留意点が異なる。

たとえば、甲州のように樹勢が強く負け枝が発生しやすい品種は、芽数や枝の発生部位などに十分注意し、主枝とほかの枝（亜主枝や側枝）の勢力バランスを保つよう心がける。

甲斐路など発芽率が高く樹勢が強めな欧州系2倍体品種は、結果母枝は長めに残し、全体的にゆったりとしたせん定となる。

またシャインマスカットのように発芽がよく、負け枝が発生しやすい品種は、基部近くに多くの枝を置くと樹冠拡大を妨げてしまうので、注意する。逆にロザリオビアンコのように発芽率が低い品種は、徒長的な生育をして樹形が乱れやすいので中庸な枝を揃えて発芽率を高め、樹勢を落ち着かせるようなせん定を心がける。

種なし栽培ではジベレリン処理により実止まりは確保されるので、やや強めのせん定が適しているが、4倍体の種あり栽培では結実確保を最優先とするので弱せん定が一般的である。

●短梢せん定では

平行整枝短梢せん定を前提としている西日本の産地では、品種別の向き不向きなどあまり考慮せず、すべての品種を短梢せん定で栽培している。そして、種ありや強勢の品種は主枝数を増やして樹勢を落ち着け、小房のものは主枝間隔を狭め、10aあたりの収量を確保するなど工夫している。

一方、長く長梢せん定で栽培してきた東日本の産地では、短梢せん定を導入するにあたって、どうしても長梢せん定樹の果房と比較することになり、品質や収量に対するハードルが高くなっている。このような栽培者の心情を考慮すると、短梢せん定に向く品種の条件としては以下のように考えられる。

①発芽が良好で芽座をしっかり確保できる。

②花穂が大きく、その数も十分に確保できる。

③果実品質と収量が長梢せん定樹と同等以上である。

④新梢が折れにくい。

たとえば、巨峰系の黒色品種やシャインマスカットなどは、短梢せん定樹においても花穂着生がよく、果実品質と収量が長梢せん定樹と同等に確保できるので、省力化の利点から導入する価値はある。

一方、発芽が揃わないロザリオビアンコや花穂着生が悪い一部欧州種、換算収量が低下するデラウェアや甲州などは、現時点では長梢せん定のほうが優れていると思われる。

6 雪害・防寒対策・病害虫対策も

●稲ワラなどで樹体を保護

ブドウは比較的寒さに強く、健全な樹体であれば凍寒害の心配はほとんどない。しかし、寒波の強い年や寒冷地、高冷地、また若木や樹勢の弱い樹ではしばしば発生を見ることがある。

凍寒害はおもに樹体が耐寒性を得る前の初冬の低温や、2月以降の戻り寒波による著しい低温が引き金となる。それを樹体の栄養不足や土壌の乾燥などが助長する。このため、凍寒害に備えるにはまず、生育期には徒長や遅伸びをさせない管理を行ない、収穫後も早期落葉をさせないよう、病害虫防除や灌水などの管理を徹底し、健全な樹体をつくることが第一である。

そのうえで以下のような対策を講じておきたい。

・凍寒害は土壌の過乾燥により助長される。降水量が少ない場合には凍結層ができる前にたっぷり灌水しておく。

・稲ワラなどの防寒資材で樹体を被覆する（写真3－4）。その際、稲ワラは5cm程度の厚さになるように堅くしっかり巻く。また、根元には周囲1～2mの範囲で厚さ10cm程度に敷き詰め、土壌の乾燥、凍結層の発生を防ぐ。なお、徐々に気温が上昇してくる春先までには、樹幹に巻いた稲ワラなどは除去する。

写真3－4　稲ワラを巻いた防寒対策

・せん定時期は厳寒期を過ぎた頃がよいが、大きな切り口には癒合剤を塗布し、枯れ込みを防ぐ。

●耕種的防除の励行

病害虫を防ぐには、薬剤による防除のほかに、その生息密度を少なくする耕種的防除がある。この時期、以下のような耕種的防除に励み、できる限り病害虫の発生を少なくしたい。

粗皮削り…幹の外側の古くなった樹皮を、

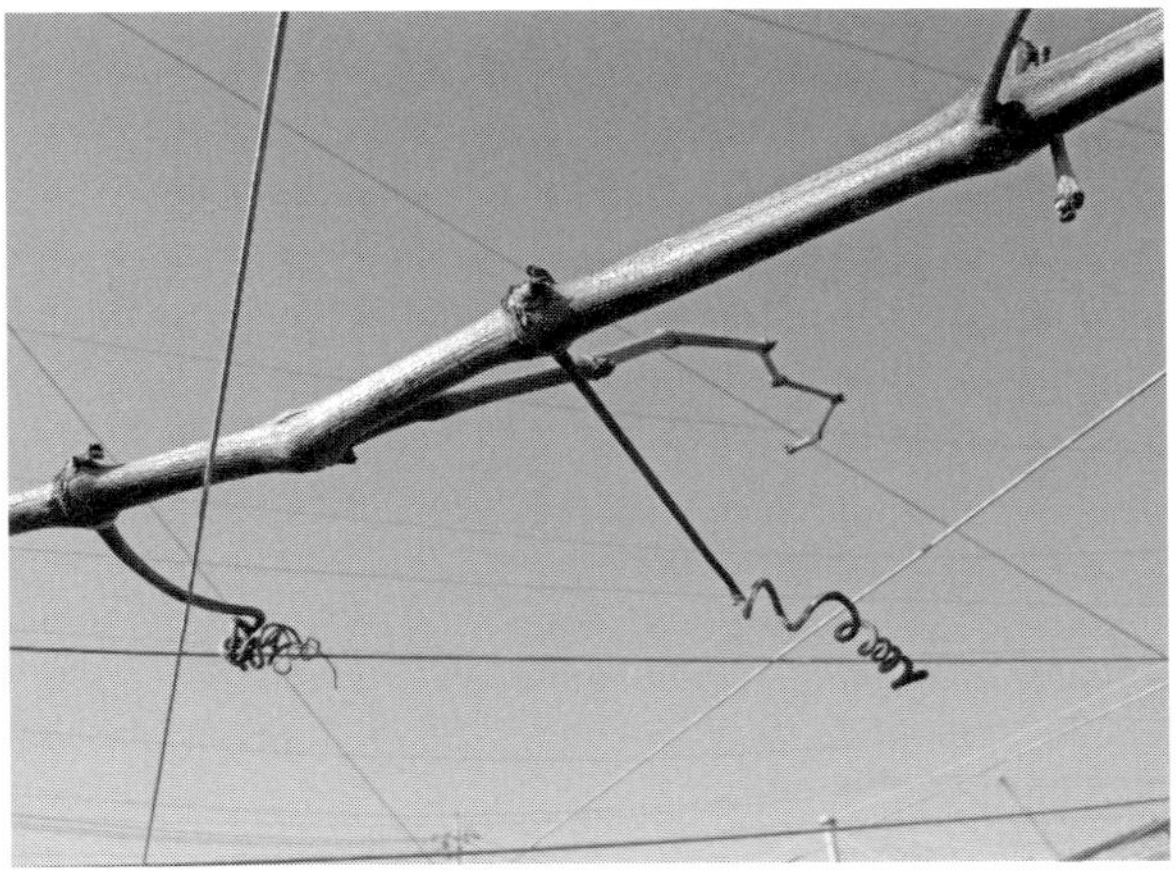

写真3-6　巻きひげの処理
残っていたらきれいに取り除く

写真3-5　粗皮削り
幹の外側の古くなった樹皮を、手鎌などで削り取る

手鎌などで削り取る（写真3‐5）。粗皮の下には、ハダニ類やカイガラムシ類が越冬しているので、粗皮削りはこうした害虫の防除にはとても有効である。

巻きひげや果梗の切り取り…新梢には巻きひげ（写真3‐6）が発生するが、これに晩腐病や黒とう病の菌が着くことがある。巻きひげは、棚に絡みつくと木質化して切り取ることが大変なので、生育期の管理作業中、気が付いたら切り落とすようにするが、残っていたら、この時期に取り除く。

また、収穫した後の果梗の切り残しも病気の感染源になる。収穫時には果梗を切り残さないように根元から切るようにするが、これも残っている場合は見付け次第切り取るようにする。

落ち葉やせん定枝の処分…落ち葉にはべと病やさび病などの病原菌が付着し、翌年の発生源になる。また、せん定して切り落とした枝の中にもさまざまな病気やブドウトラカミキリ、ブドウスカシバなどの害虫が寄生している可能性がある。落ち葉やせん定枝は焼却するか、園からもち出して処分する。

幹の周りは清潔に…幹の周りに雑草が生えていると、コウモリガやクビアカスカシバなどの害虫が潜みやすくなる。園の全面を除草する必要はないが、幹の周りは除草し、清潔にしておくよう心がける。

7 春の好発進に向けこの準備を

さて、以上のようなせん定を行なって春を迎えたブドウ樹では、その後の展開に向け次のような準備を行なう。

●枝の配置と結果母枝の誘引

樹液流動が始まると枝中の水分量が多くなる。そのため枝が柔軟になり誘引しやすくなる。枝の誘引の目的は、太枝や結果母枝の発生角度や配置を適正にして養水分の流動を調節し、樹全体のバランスを整え、棚面に平均的に結果母枝を配置することである。せん定を行なう際、樹勢調節はもちろん、受光態勢や作業性の向上、負け枝をつくらないよう留意した。枝の配置、誘引についてもせん定と同様、これらのことを頭に入れ作業を行なうようにする。具体的には以下のとおりである（図3-6）。

①新梢がなるべく重ならないように、新梢が伸びた状態を想定しながら枝を配置する。

②主枝や亜主枝の先端など伸ばす部分は屈曲しないようにまっすぐ誘引する。

③伸ばそうとする枝に対して、強くなりそうな枝や基部に近い枝は返しぎみに誘引する。

④先端の結果母枝はまっすぐに誘引し、基部に近い枝ほど強く返して誘引する。

⑤太枝を振り直す（大きく動かす）場合は、樹液流動が始まってからゆっくり慎重に行なう。無理な移動は枝の内部組織を傷付け、着色や果粒肥大に影響する恐れがある。

⑥先端が弱い場合は、次の結果母枝をまっすぐ誘引し、先端は直角に誘引する。

●灌水

発芽に向け、地温の上昇とともに樹液の流動が始まる。その後、樹体内に十分に水分が満ちると発芽が始まる。この樹液流動が始まる時期に土壌が乾燥していると、発芽の遅れや不揃いをおこし、その後の生育にも影響を及ぼす。

また、極端に乾燥すると、ホウ素などの微量要素の吸収が抑制される。

発芽を揃え、初期生育を順調にするため、乾燥が続く場合は、樹液流動前後に30㎜程度の灌水を行なう。晴れた日の灌水は地温上昇にも効果があるので、暖かい日の午前中に行なうとよい。

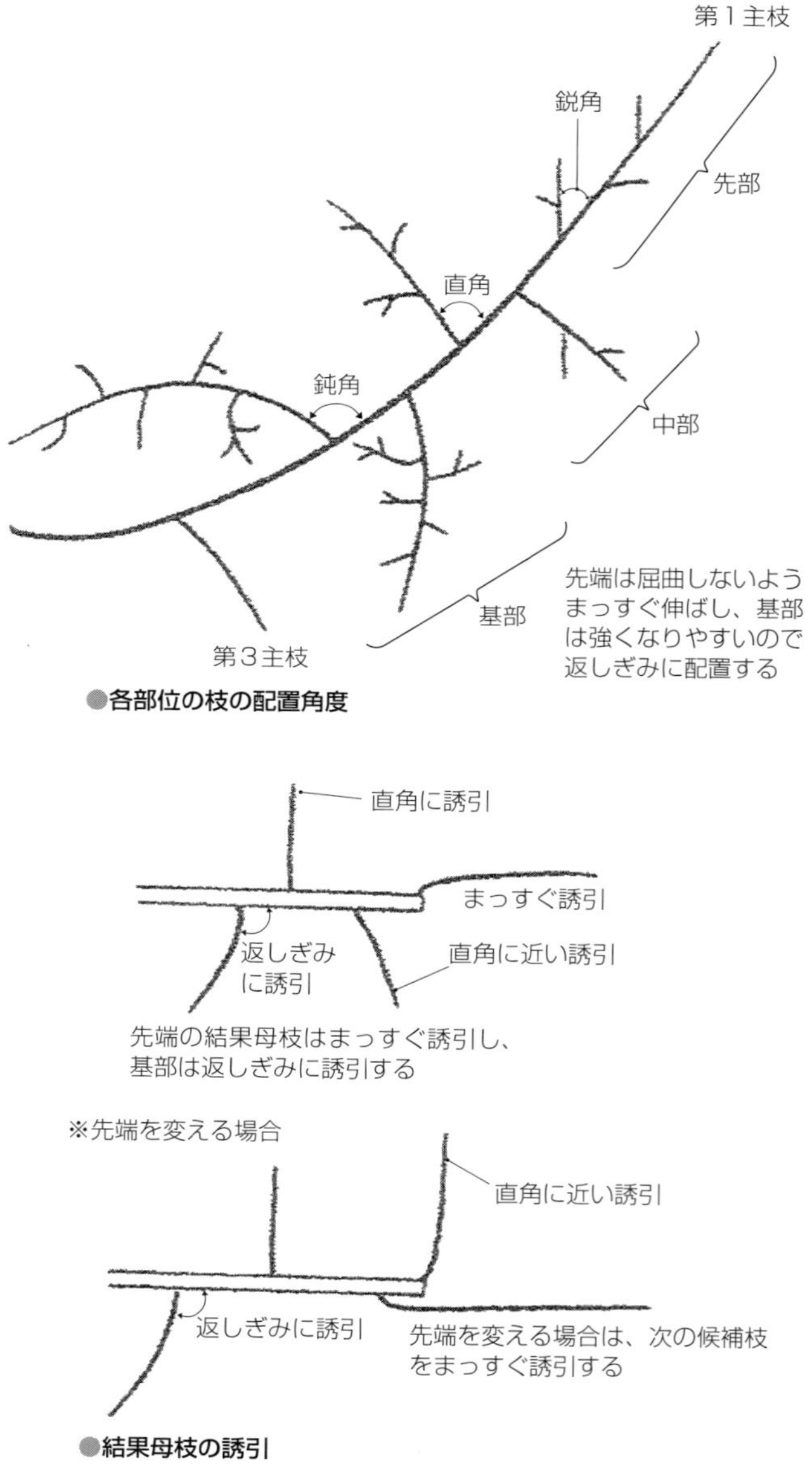

先端は屈曲しないようまっすぐ伸ばし、基部は強くなりやすいので返しぎみに配置する
●各部位の枝の配置角度
直角に近い誘引

※先端を変える場合
直角に近い誘引
●結果母枝の誘引

図3-6　枝の配置と結果母枝の誘引

8 品種更新、準備と進め方

若木を仕立て、成木では整枝せん定を行なうこの時期は、一方で品種更新、新植も行なう。ここではその実際とポイントについて見ていこう。

●苗木の求め方

①自根苗でなく接ぎ木苗を選ぶ

ブドウにはフィロキセラ（ブドウネアブラムシ）という根に寄生する害虫がいるが、接ぎ木に使われる台木はこの害虫に抵抗性を有している。このため、接ぎ木苗にフィロキセラが寄生することはない。自根苗には寄生する危険性が高く、一度寄生してしまうと駆除は非常に困難である。長きにわたって経済栽培を行なう場合は、接ぎ木苗を用いるほうが安心である。

台木品種の選択については第1章23ページ表1－1を参照のこと。

②苗木の注文と購入法

苗木は予約販売がおもに行なわれている。とくに人気の品種や希少品種は在庫がない場合があるので、予約しておくとよい。また注文がきわめて少ない品種は受注生産となる。この場合、採穂が行なわれる11～12月の前までに注文する。業者は注文を受けてから接ぎ木・養成するため、引き渡しは1年後である。

苗の植え付けは秋または春が適期なので、苗木の注文は9月から10月頃に行なうのがよい。

③良苗を購入するポイント

苗木業者や園芸店で実際に見て、苗木を購入する場合、以下の点に注意する。

まず、地上部は節間が詰まっていて、枝はあまり太くないものがよい。また根の量が多く、とくに細かい根がたくさんあるものを選ぶ。枝や根にコブやあばたのような痕がある苗は避けたほうがよい。ウイルス病や細菌病にかかっている苗は外観では判断できないが、苗木のタグ（証紙）に品種名とともにウイルスフリー（VF）と記してあれば安心である。

●苗木繁殖の実際

果樹は、挿し木や接ぎ木などの栄養繁殖法で、親とまったく同じ形質の苗木を多量につくることができる。ブドウも挿し木を

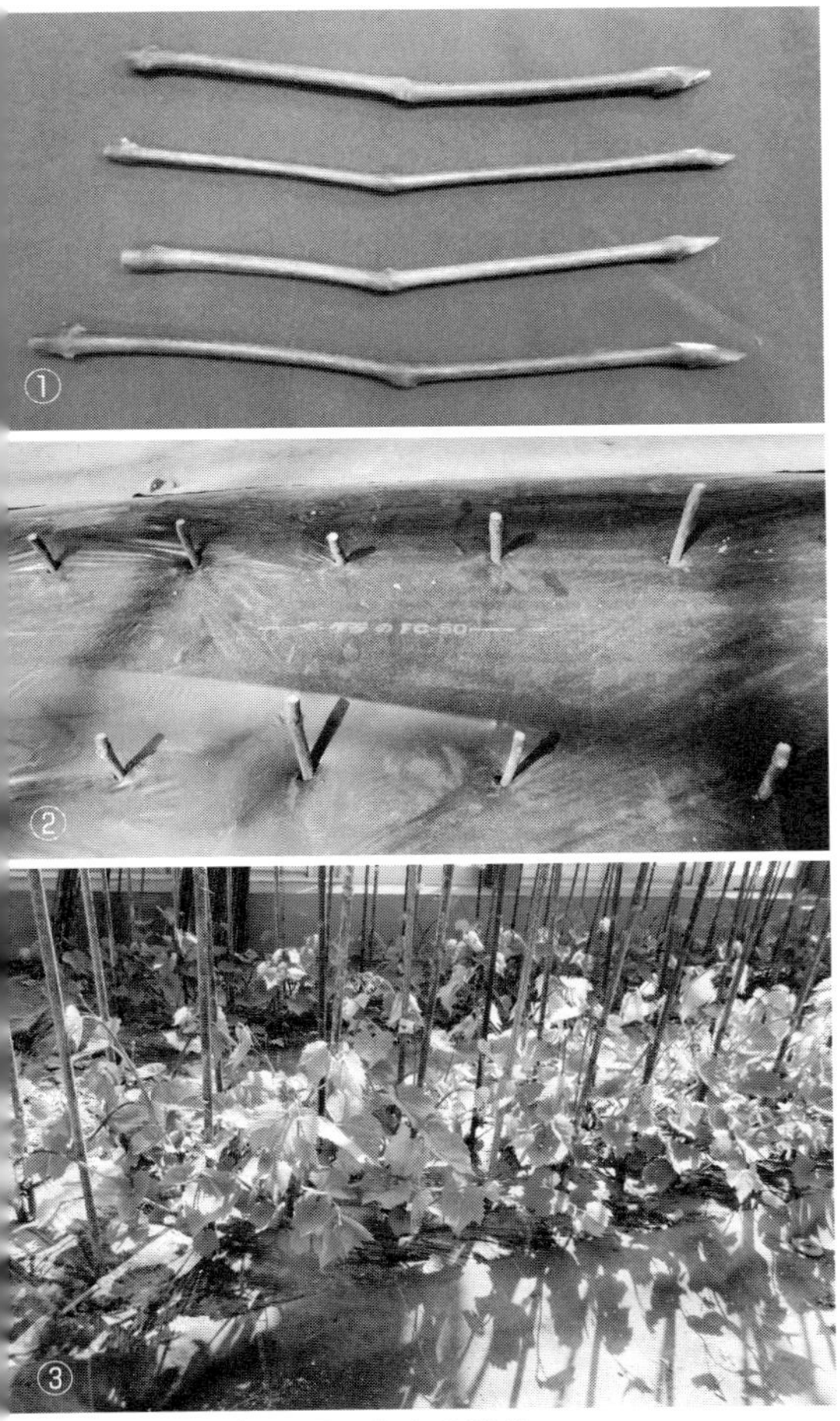

写真3-7　台木の養成
①台木用挿し木は3芽に切り、先端以外の芽は削り取る。②用意の挿し床に芽が見える程度を出して、まっすぐ挿す。③伸びてきた新梢は支柱を添え、まっすぐに誘引

行なうと容易に発根し、自根苗の繁殖は比較的簡単にできる。

①挿し木による繁殖（台木の養成）

自根苗をつくるのも根付きの台木を養成するのも、挿し木による方法は同じである。

枝の採取と貯蔵…挿し木にする枝は落葉後に採取するが、節間が短く、切断面が丸く、中庸からやや細めの充実した枝を選ぶ。採取後は乾燥しないようにビニールに包み、冷蔵庫（5℃以下）に入れて保存する。冷蔵庫に入らない場合には日陰の土中に埋めておく。

挿し床の準備と挿し木の調整…挿し木は暖かくなった4月以降がよい。整地した圃場に畝を立て、黒いポリエチレンフィルムでマルチし、挿し床をつくる。マルチには15cm間隔であらかじめ孔をあけておく。

冷蔵庫から出した枝は3芽に切り（写真3-7①）、先端以外の芽は削り取り、下部は挿しやすいように斜めに切る。このように調整したうえで一昼夜水に浸けて十分に給水させる。あらかじめあけておいた孔に、芽が見える程度（数cm）を出してまっすぐに挿す（写真3-7②）。

土壌が乾かないようまめに灌水し、伸びてきた新梢は支柱を添え、まっすぐに誘引する（写真3-7③）。

●接ぎ木の方法

ブドウの接ぎ木には、休眠枝同士を接ぐ「鞍接ぎ」や「舌接ぎ」「オメガ接ぎ」と、圃場で台木の新梢に穂品種を接ぐ「緑枝接ぎ」「休眠枝接ぎ」がある。「鞍接ぎ」や「舌接ぎ」、「オメガ接ぎ」は接ぎ木部の切り込みの形と接合のさせ方から区別して呼ばれているが、同じ原理である。「緑枝接ぎ」と「休眠枝接ぎ」は、台木が養成してあれば特別な資材や施設がなくても比較的容易にできる。

いずれにせよ、接ぎ木によりウイルス病は伝染するため、台木、穂木とも無汚染の由来がハッキリしているものを用いる。

①鞍接ぎ（舌接ぎ）の方法

鞍接ぎから植え付けまで…鞍接ぎは3月中旬に行なう。1カ月後には発芽し、発芽2～3週間後に苗木養成圃場に植え付け、養成し、落葉後に圃場に定植する。

接ぎ木法…挿し床として用いるリンゴ箱は深さが約30cmあるので、台木と穂木で25cm程度の長さになるよう、穂木は3～5cm、台木は22～25cmに切り、穂木・台木ともに一昼夜、発根促進剤（オキシベロン）を加えた水に浸けておく。

切り出しナイフで穂木、台木を同じ傾斜

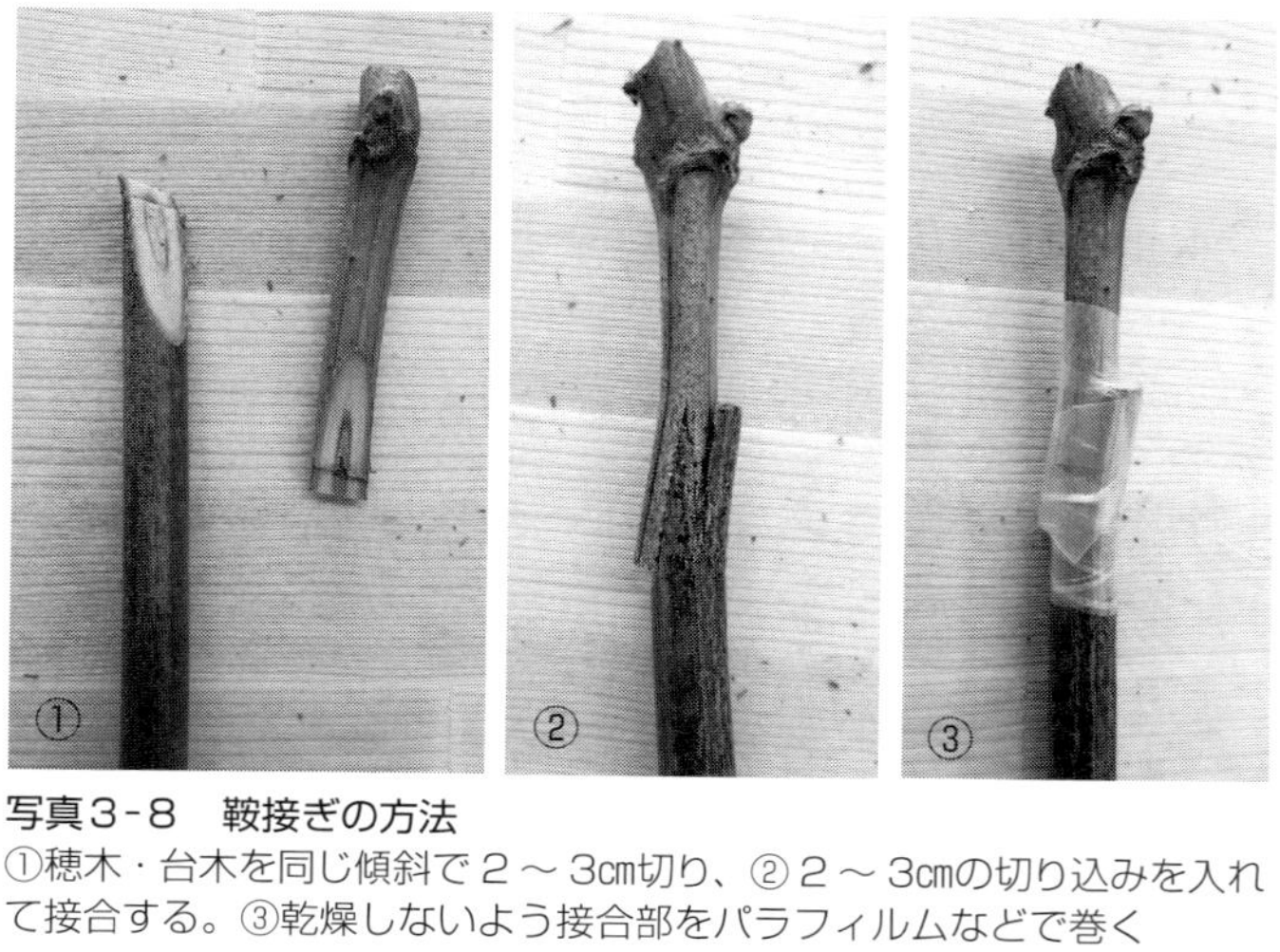

写真3-8　鞍接ぎの方法
①穂木・台木を同じ傾斜で2～3cm切り、②2～3cmの切り込みを入れて接合する。③乾燥しないよう接合部をパラフィルムなどで巻く

で約2〜3cm切り、そこに2〜3cmほど切り込みを入れ、傾斜に沿って接合する。接合部は乾燥しないように、ロウづけするかパラフィルムなどで巻く（写真3‐8①、②、③）。

挿し床…床土は、オガクズとモミガラを4対1の体積割合で混ぜ、ベンレート1000倍液で湿らせた（強く握って液がしたたる程度に）ものを用いる。リンゴ箱を横に置き、床土を入れて、その上に接ぎ木苗10本を並べる。これを順番に繰り返しサンドしていく。1箱あたり苗木10本を10列入れられ、最大100本の苗をつくることができる（写真3‐9①、②）。

発根と発芽促進…圃場ではなく屋内での管理となる。リンゴ箱は蒸散を防ぐためビニールでふんわりと被覆する。温床マット（30℃に設定）の上に被覆したリンゴ箱を設置し、発根を促す。発芽したらビニール被覆を少し開いて湿度を下げ、温床マットの温度も25℃に下げる。オガクズの表面が乾いてき

写真3-10　緑枝接ぎの方法
①②葉柄を残し、葉を落とした芽（節）を採取、接ぎ木部を楔形状にナイフで削る。③台木のやや軟らかめの節間を切り、断面中央に切り込みを入れる。そこへ②の穂品種を差し込み、パラフィルムを巻いて固定する

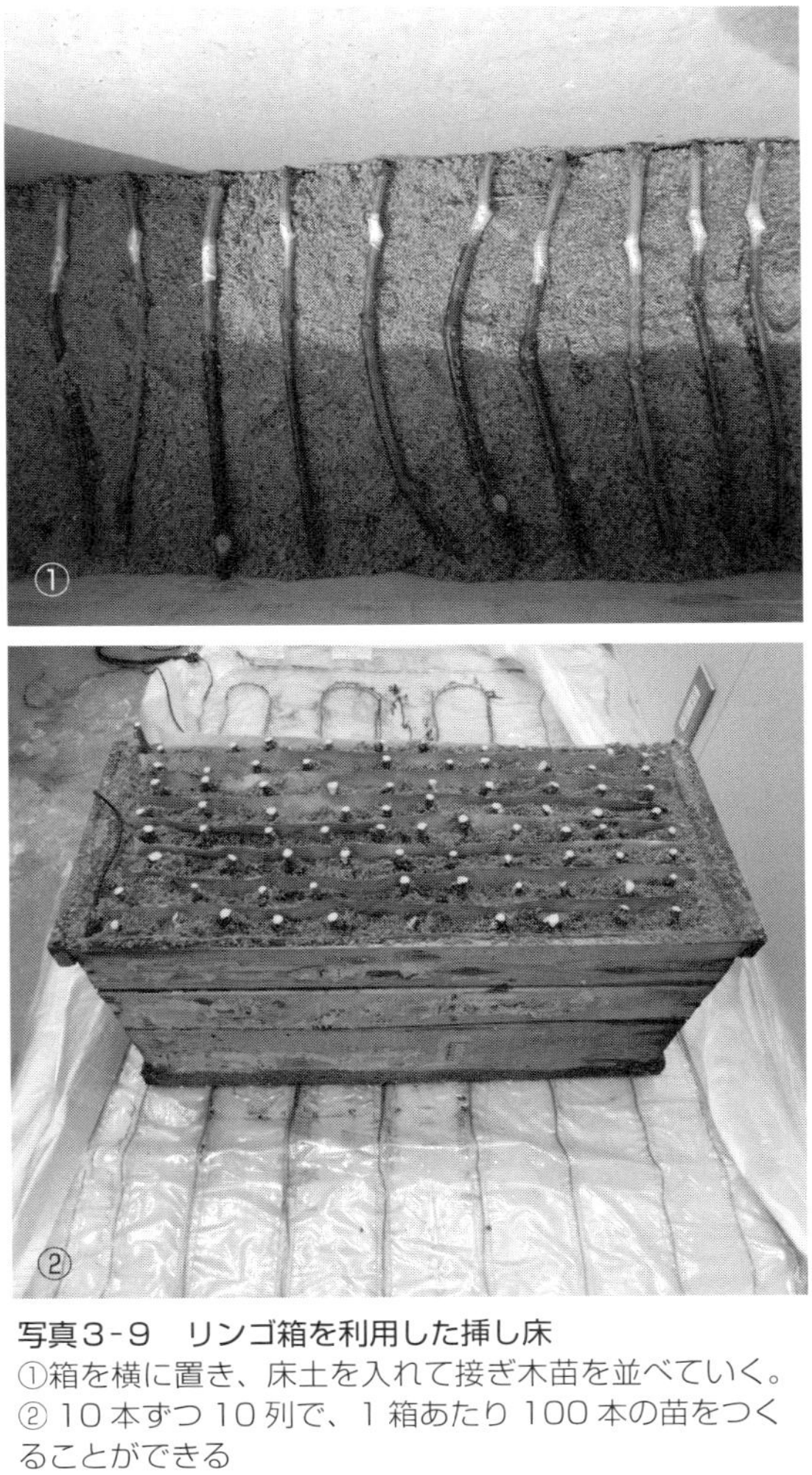

写真3-9　リンゴ箱を利用した挿し床
①箱を横に置き、床土を入れて接ぎ木苗を並べていく。② 10本ずつ10列で、1箱あたり100本の苗をつくることができる

たら、4～5日おき程度を目安に、箱の下面から水がしたたるくらいに灌水を行なう。

接ぎ木苗の養成…リンゴ箱の接ぎ木苗がほぼ発芽したら、苗木養成用の圃場に植え付ける。このときは、接ぎ木部が乾燥しないように土に埋める。灌水はほぼ毎日行ない、蒸散防止のため、新梢が伸長するまでは寒冷紗を張り、高温にならないように注意する。新梢が伸び始めたら接ぎ木部の土を除く。支柱に誘引しながら管理し、約半年後には接ぎ木苗が完成する。

②緑枝接ぎの方法

台木の新梢に、穂品種の新梢を接ぐ緑枝接ぎは、誰でも容易にできる。接ぎ木に用いる台木は、前述の方法で挿し木により前年に準備をしておく。

緑枝接ぎ木の時期…新梢が伸びた開花前の5月下旬～6月中旬が適期となる。この時期より早いと穂品種の新梢が軟らかすぎ、遅くなると台木の新梢の硬化が進み、活着率が低下する。

接ぎ木方法と発芽後の管理（写真3－10）…台木の新梢は穂品種と同じくらいの太さのものを選ぶ。穂品種の新梢から、葉柄を残して葉を切り落とした芽（節）を採取し、切り出しナイフかカミソリ刃で芽の下を楔形に削る。台木の新梢は、硬すぎないやや軟らかめの部位の節間で切り、断面の中央部にまっすぐに2cm程度の切り込みを入れる。穂品種を台木にしっかりと差し込み、パラフィルムを巻いて固定する。穂品種の先端部分も乾きやすいので、この部分にもパラフィルムを巻いて乾燥を防ぐ。

接ぎ木後は土壌が乾燥しないようにマメに灌水を行なう。接ぎ木が成功すると穂品種の葉柄は黄変、脱落し、腋芽が伸び出す。穂品種の生育を促すため台木から発生する芽はまめにかき取り、伸び出した新梢は支柱にまっすぐ誘引して管理する。

③休眠枝接ぎ

台木の新梢に、穂品種の休眠枝を接ぐ方法で、緑枝接ぎと同じ接ぎ方で行なう。緑枝接ぎの場合は穂木と台木の生育を合わせ

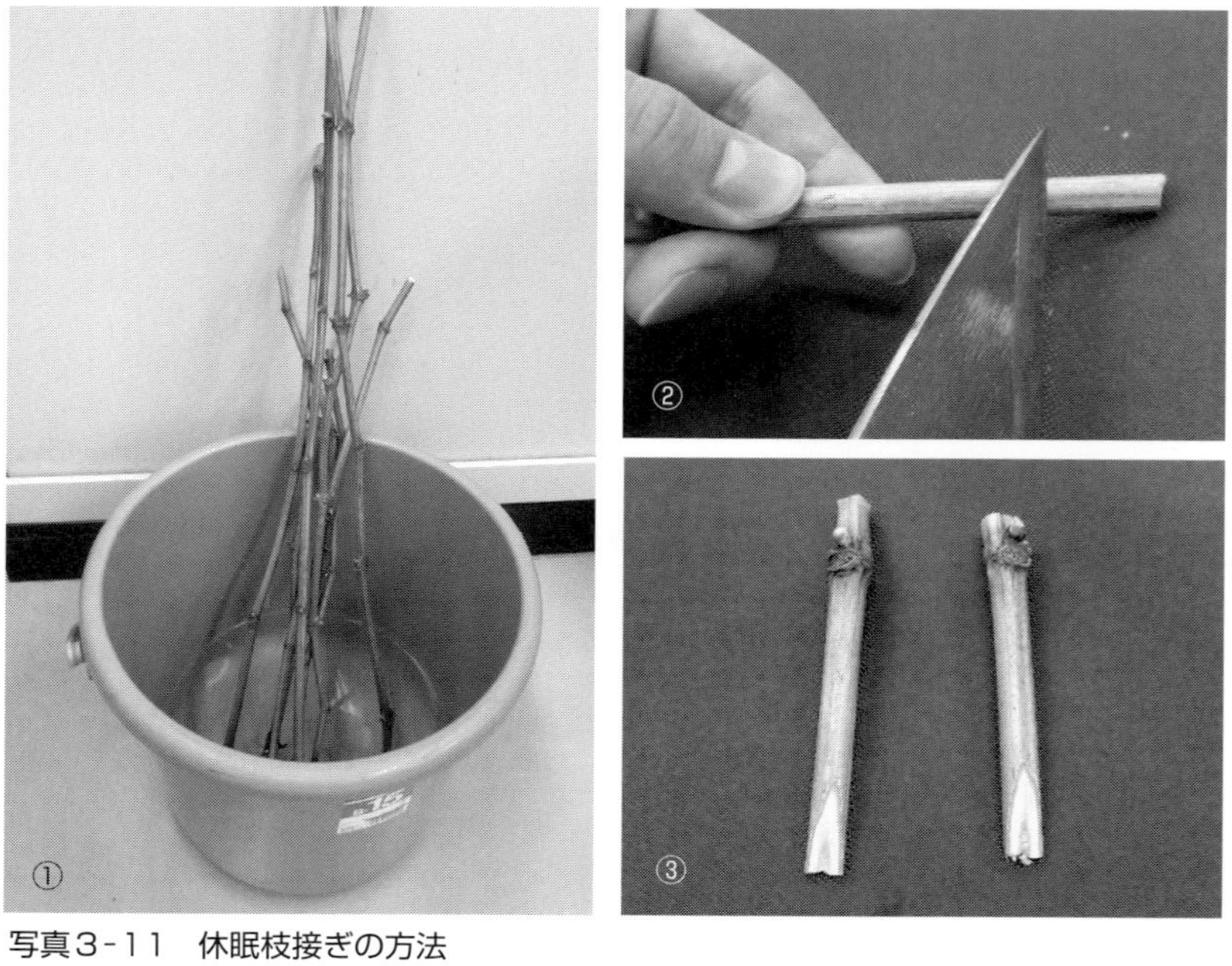

写真3-11　休眠枝接ぎの方法
①休眠枝は一昼夜水に浸けておく。②③穂木の削り方は緑枝接ぎの場合と同様、楔形にする

る必要があるので、ある程度時期が限定されるが、休眠枝接ぎは台木の生育にのみ合わせて接ぎ木ができる。気ぜわしさがなく作業に取り組める。

接ぎ木法（写真3-11）…休眠枝は一昼夜水に浸けておく。こうすることで休眠枝は水を含んで軟らかくなるので削りやすく、安全に作業ができる。穂木の削り方は緑枝接ぎの場合と同様に楔形に削る。

　台木の新梢は、緑枝接ぎの場合と同様に硬すぎないやや軟らかめの部位の節間で切り、断面の中央部にまっすぐ2cm程度の切り込みを入れる。休眠枝を台木にしっかりと差し込み、パラフィルムを巻いて固定する。休眠枝の切り口にもパラフィルムを巻いて乾燥を防ぐ。

発芽後の管理…接ぎ木後も、緑枝接ぎの場合と同じように、土壌が乾燥しないようにまめに灌水を行なう。また、穂品種の生育を促すため台木から発生する芽はまめにかき取り、伸び出した新梢は支柱にまっすぐ誘引して管理する。なお、休眠枝接ぎは緑枝接ぎに比べ活着率が若干低い傾向があるが、一度活着すると新梢は旺盛に生育するのでよい苗に仕上がる。

●苗木の植え付けの実際

①植え付け時期

　秋植えと春植えがある。一般に、秋植えは根が早く土壌になじむため、初期生育が良好になる。しかし、冬の寒さがきびしい地域では凍乾害の危険があるので、西南暖地以外の地域では春植えのほうが安全である。春植えは3～4月が適期である。苗木業者から秋に苗が届いてしまった場合には、春まで仮植えをしておく。

　仮植えは深さ30cm程度の長めの穴を掘り、苗木を斜め横に寝かせて、その上に土をかけておく。

　苗木が束で届いた場合、そのまま仮植えすると、束の中に土が入らず根が乾燥することがあるので、必ずばらして苗木は1本ずつ斜めに並べる。寒さがきびしい地域ではさらにワラやコモをかけて寒さと乾燥から守る。

②植え付け場所

　植え付けの場所は、樹冠の広がりや作業動線を考慮して決定する。できれば棚の平面図を用意して、成園時の主枝の配置を書き入れたうえで決定するようにしたい。平行整枝短梢せん定の仕立てでは、主枝は基本的に南北方向になるように植え付ける。

　植え付け本数は、品種や台木、仕立て方、

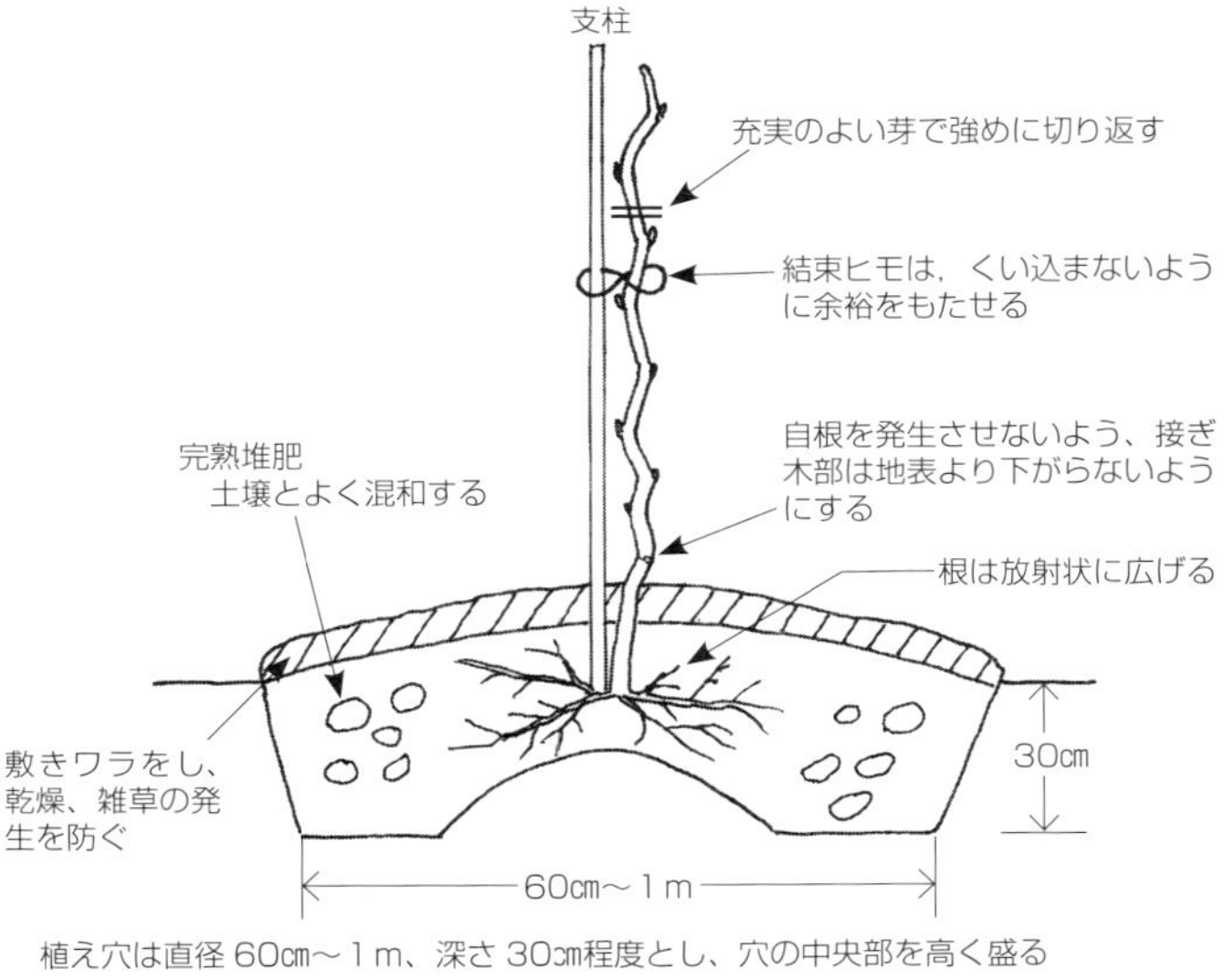

充実のよい芽で強めに切り返す
結束ヒモは，くい込まないように余裕をもたせる
自根を発生させないよう、接ぎ木部は地表より下がらないようにする

土壌とよく混和する

敷きワラをし、乾燥、雑草の発生を防ぐ
植え穴は直径60cm～1m、深さ30cm程度とし、穴の中央部を高く盛る

図3-7　苗木の植え付け例

地力により樹冠の広がりが異なるので、これらの条件を考慮して本数を決める。初期の収量確保を目的に計画密植を行なった場合は、縮間伐は早めに行ない、タイミングを逃さないように注意する。

10aあたりの植え付け本数の目安は、27ページ表2-2、表2-3を参照。

③植え付け方（図3-7）

植え付け場所が決まったら、直径60cmから1m、深さ30cm程度の穴を掘る。このとき、穴の中央を盛り上げておく。これは、接ぎ木部位より上部に土がかからないようにするためである。接ぎ木部が土の中に埋まってしまうと、自根が発生し、台木のメリットが活かせなくなる。盛り上げた山の頂上に苗木を置き、根の先をハサミで切り詰め、長さを揃え、放射状に並べる（写真3-12）。

掘り上げた土に堆肥と顆粒状の苦土石灰を混ぜて植え付ける。土に混ぜる堆肥と苦土石灰の割合は、堆肥1対土3対苦土石灰ひとつかみ程度が目安。植え付け直後にはたっぷり灌水する。水を与えると土が沈むので、沈んだところにはふたたび残りの土を入れる。

④植え付け後の管理

苗木の地上部30~50cm付近の充実した大きい芽の上で切り詰め、支柱を添える（写真3-13）。乾燥防止のためにワラなどを敷き、乾燥が続く場合は定期的に灌水を行ない、乾かさないようにする。若木のときに旺盛に伸び過ぎると枝の充実が悪くなるので、徒長を防ぐために、植え付け1~3年は肥料を施さない。ただ、新梢の伸びが悪く、葉色が薄いような状態が観察された場合は、尿素などチッソ系の肥料を施す。

写真3-12
苗木は盛り上げた山の上に、根を放射状に広げておき、植え付ける

写真3-13
シャインマスカットの苗木の植え付け後の様子

実際編

第4章 4～5月——発芽～開花期の作業

いよいよシーズンの幕開け。作柄を左右する重要作業が続きます。早め早めを心がけ、遅れないように

1 さぁ、いよいよ今年もスタート

●発芽時と開花始め時の樹相の見方

ブドウの初期生育は前年に貯えられた養分によってほとんど賄われる。自園の生育状況を観察することで樹の栄養状態がどうだったかがチェックできる。せん定や施肥などの管理が適正であったか、また前年の着果量や収穫後の管理が適正になされていたか、この時期の状態をチェックし、今後の管理に役立てるようにしたい。

樹相診断には、発芽の揃いや新梢の長さ、新梢伸長停止率などが目安になる（10ページ表序-2参照）。

●芽かきの程度とタイミング

気温の上昇とともにブドウは芽が膨らみ展葉してくる。花穂も現われて新梢は伸びていく。このとき、発芽した新梢をすべて残しておくと栄養が分散して伸びが悪くなったり、込み合って棚面が暗くなり、高品質な果房は得にくくなる。樹勢の調節は冬季のせん定である程度なされているはずだが、それだけで適正な樹相に導くことは難しい。このため、弱い新梢や強過ぎる新梢をかき取り、勢いを揃える芽かき作業が必須となる。

展葉7枚前後までの生育は前年の貯蔵養分に依存しているので、早い時期の芽かきは、養分の浪費を防ぎ、生育を促進させる効果がある。ただ、芽かきを一挙に行なうと、残った新梢が徒長し、花振るいや果実品質低下の恐れがある。新梢の勢いを見ながら、2～3回に分けて行なうようにする。

前述のように、ブドウは品種や栽培型（種なしか種ありか）、仕立て方法などによって目標とする樹相は異なる。したがって、芽かきの方法も当然異なってくる。以下に代表的な品種群や栽培型の芽かきのポイントを示す。

①種なし栽培（長梢せん定）**の場合**

デラウェアやシャインマスカット、巨峰群品種の種なし栽培では、種なし化を確実にするため樹勢はやや強めに導く。また、

写真4－1　副芽かきの前と後
1回目の芽かきは展葉2～3枚頃、不定芽や副芽、基芽をかく

写真4－2　結果母枝の基部に発生する2～3芽も早めにかき取る

種なし化のジベレリン処理時に生育を揃えておくことが、作業の効率化と高品質化には必要となる。このような点を念頭に芽かきを行なう。

1回目の芽かきは展葉2～3枚の頃、新梢の初期生育を促すために不定芽や副芽、基芽をかく（写真4－1）。不定芽とは、結果母枝の芽以外の部分から発生する芽のことで、枝を間引いた基部や旧年枝の節部から発生する。不定芽を残すと非常に強く伸び、樹形を乱す。また副芽を残すと主芽の生育を妨げるので、どちらも早めにかき取る。さらに、結果母枝の基部から発生する2～3芽も樹形を乱し、受光体勢や作業性に影響するので、これも早めにかき取るようにする（写真4－2）。

2回目は、展葉6～8枚時に、花穂をもたない新梢や、極端に強かったり弱かったりする新梢を中心に整理し、勢力を揃える（写真4－3）。これ以降は新梢の込み具合を見ながら必要に応じて芽かきを行なうが、種なし栽培は結実確保の心配も少ないので2回目までに終わらせるようにした

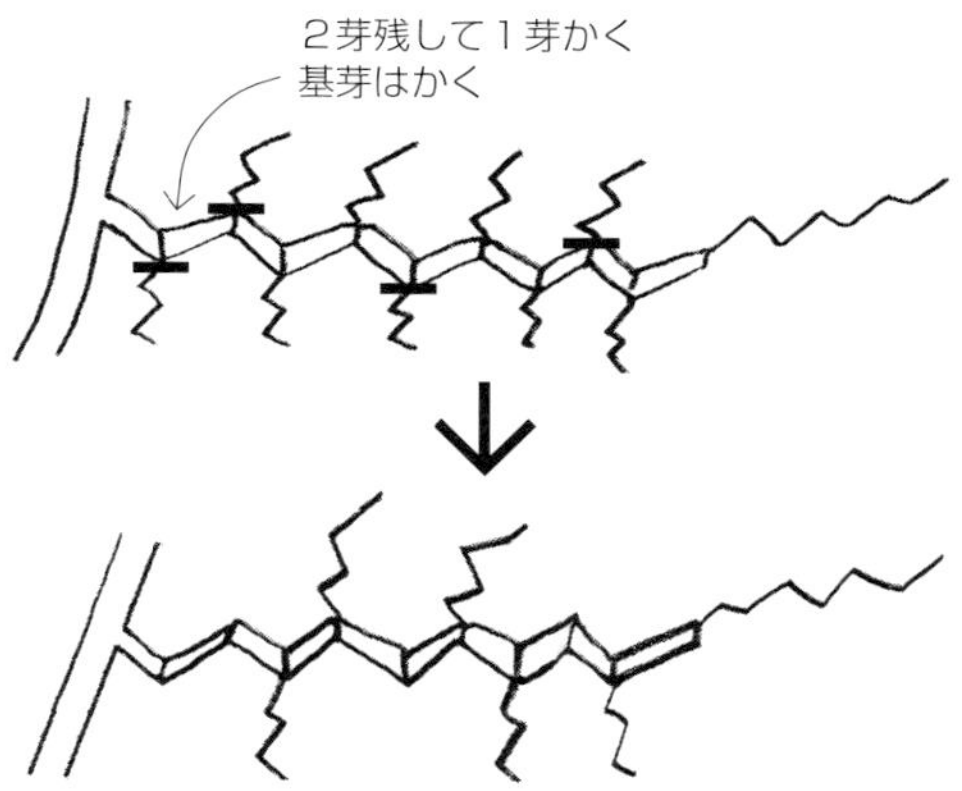

図4-1　デラウェアなど節間が短い品種の2回目の芽かき
（葉の形状は省略）

写真4-3　2回目の芽かき
展葉6〜8枚時に花穂をもたない新梢や、極端に強弱のある新梢を整理し、勢力を揃える

い。

デラウェアやサニールージュのような節間が短い品種は新梢が混雑しやすいため、図4-1のように先端側の二つの芽を残して次を除き、また二つ残して次を除く、というやり方がよい。

②種あり栽培（巨峰群品種、長梢せん定）の場合

巨峰群品種の種あり栽培の場合、樹勢が強いと花振るいが心配される。そのため樹勢を落ち着かせ、結実確保に重点をおいた管理が必要になる。

1回目の芽かきは、不定芽や強くなりやすい結果母枝基部の2〜3芽をかく程度にし、強い芽かきは控える。樹勢が強い場合には、不定芽をかく程度にして多くの新梢を残し、養分の分散を図る。

2回目は展葉7〜8枚時に副芽や極端に強い新梢を整理し、開花始め期の新梢長が50〜60cmになるような樹勢に導く。

3回目は結実を確認した後に新梢の込み合っている部分や結実が少なく房型が悪い新梢を整理し、目標の新梢数（表4-1）にする。

③種あり栽培（欧州系品種、長梢せん定）の場合

ルビーオクヤマやリザマート、ピッテロビアンコなどの欧州系品種は樹勢が強めで発芽率も高い。そのため、せん定では結果母枝の切り詰めは比較的長く、ゆったりとした枝の配置にしておく。

欧州系品種には強風時や誘引作業の際に新梢が折れやすい品種もあるので、芽かき

は遅らせ、不定芽や新梢基部の芽を中心にかく程度にする。本格的な芽かきは、花穂の有無が確認でき、誘引の際に折れにくくなる展葉8～9枚期以降に行なう。

なお、極端に樹勢が強い場合は、種なし果が着生しやすくなるので、開花前の芽かきは控え、新梢勢力を極力抑えるようにする。

④種なし栽培（短梢せん定）

展葉5枚目頃には花穂の良否が判断できるので、この時期に、水平に発生している芽を残し、下向きや上向きなどの芽はかき取る。最終的には1芽座1新梢にするが、強風や誘引の際の欠損を考慮して最終新梢数の2割増し程度を残す（写真4-4）。新梢が折れにくくなった開花前に誘引を行なうが、この際に1芽座1新梢に揃える。

なお、一つの芽から同じ勢力の新梢が2本発生している場合は、なるべく早く1本にする。このときかき取るよりもハサミで切り取ると、残った新梢はかけにくくなる。

●新梢の誘引

発芽した新梢は結果母枝からV字型に上方へ伸び、そのままにしておくと、風で折れたり棚に巻き付いたりしてジャングル状

表4-1　各品種の適正新梢数の目安

品種		新梢数（本）	
		3.3㎡（1坪）あたり	10 aあたり
デラウェア		30	9,000
サニールージュ		25～30	7,500～9,000
種なし	巨峰	20～25	6,000～7,500
	ピオーネ		
	藤稔		
種あり	巨峰	25～30	7,500～9,000
	ピオーネ		
シャインマスカット		18～20	5,400～6,000
ネオマスカット		22	6,600
ロザリオビアンコ		20～25	6,000～7,500
甲斐路		18～20	5,400～6,000
甲州		25	7,500

平成27年度　房づくり・収量調節基準（JA全農やまなし）から抜粋

写真4-4　短梢せん定樹（種なし栽培）の芽かき
展葉5枚目頃に、水平に発生している芽を残し、下向きや上向きなどの芽をかき取る。強風や誘引の際の欠損を考え、最終新梢数の2割増し程度残す

態になってしまう。そうなる前に、新梢を棚面へバランスよく結束する作業を誘引という（写真4－5）。

誘引は、葉の受光体勢を良好にし、品質の高いブドウを生産するうえで必須の作業であり、新梢勢力の調整や樹形の確立のためにも重要である。

①新梢が50㎝伸びたら始める

誘引は、新梢が50cm程度に伸びた頃から棚面の張線に結束する。無理に誘引すると折れてしまうので、誘引が可能な長い新梢から、何回かに分けて行なう。太い新梢や立ち上がった新梢は、基部を捻枝すると折れずに誘引できる。また、風の強い地域では、強風による新梢の欠損を防ぐため、新梢基部が硬くなってから行なう。

写真4－5　新梢の誘引
50㎝程度に伸びた頃から棚面の張線に結束する

②硬くなった部位を結束する

結束する部位は、新梢先端の軟らかい部分ではなく、ある程度硬くなった部位とし、ゆるめに誘引する。一度誘引した新梢も、その後伸び続けるので、必要に応じて再度誘引する。

なお、50cm以下で伸びが止まる短い新梢は、無理に誘引せずそのまま立たせておくと、棚面が暗くならずに光を有効に利用できる。

③長梢せん定樹では

誘引の方向は新梢同士が重ならないよう、結果母枝先端の伸ばしたい枝はまっすぐに、伸びを抑えたい枝は結果母枝に対して直角方向に誘引する。結果母枝との誘引角度は、狭くなるほど新梢は旺盛に伸びる。つまり、強く伸ばしたい新梢は結果母枝との角度を狭く、逆に伸びを抑えたい場合には結果母枝との角度を大きくとり、基部のほうに返すようにする（図4－2）。棚面や地面への透過光を確認しながら、新梢同士がクロスしないようにバランスよく誘引したい。

④短梢せん定樹では

房づくり作業の前までに芽座から発生した新梢は主枝と直角になるように誘引する。主枝長20cmに1本の新梢を配置し、最終的な芽かきも兼ねて行なう。欠損が生じた場合は近くの新梢をゆるやかに曲げてス

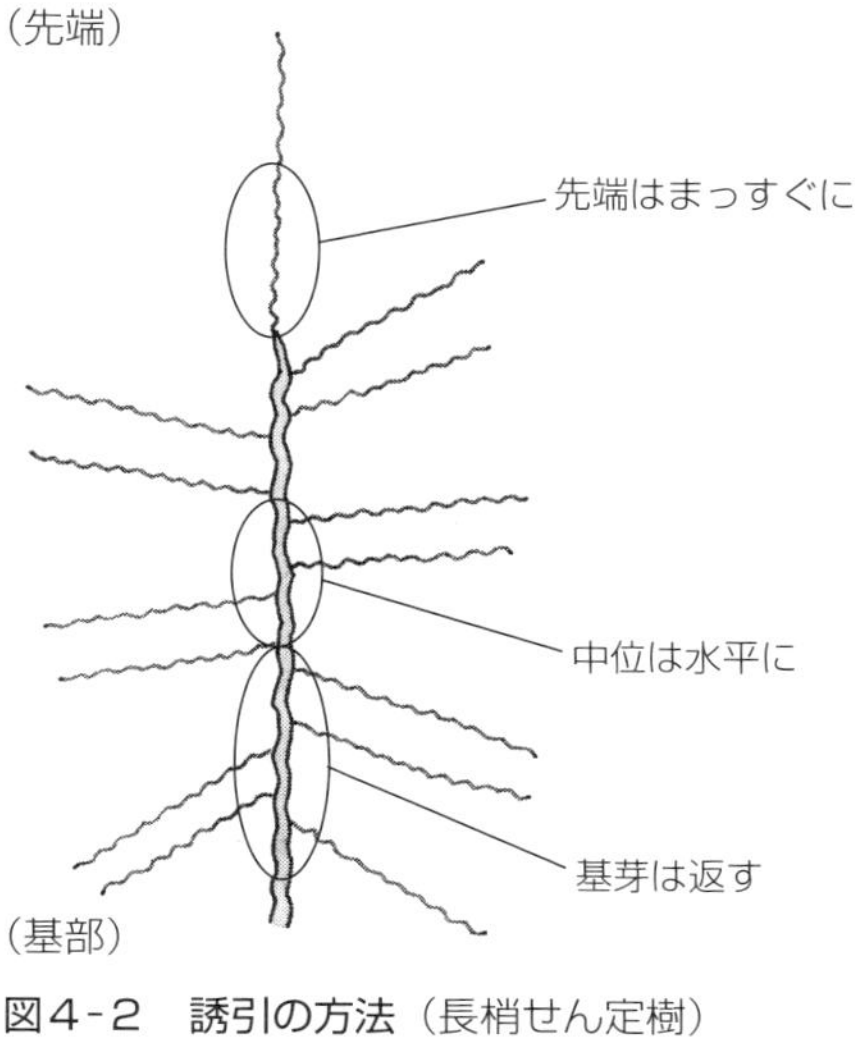

図4－2　誘引の方法（長梢せん定樹）

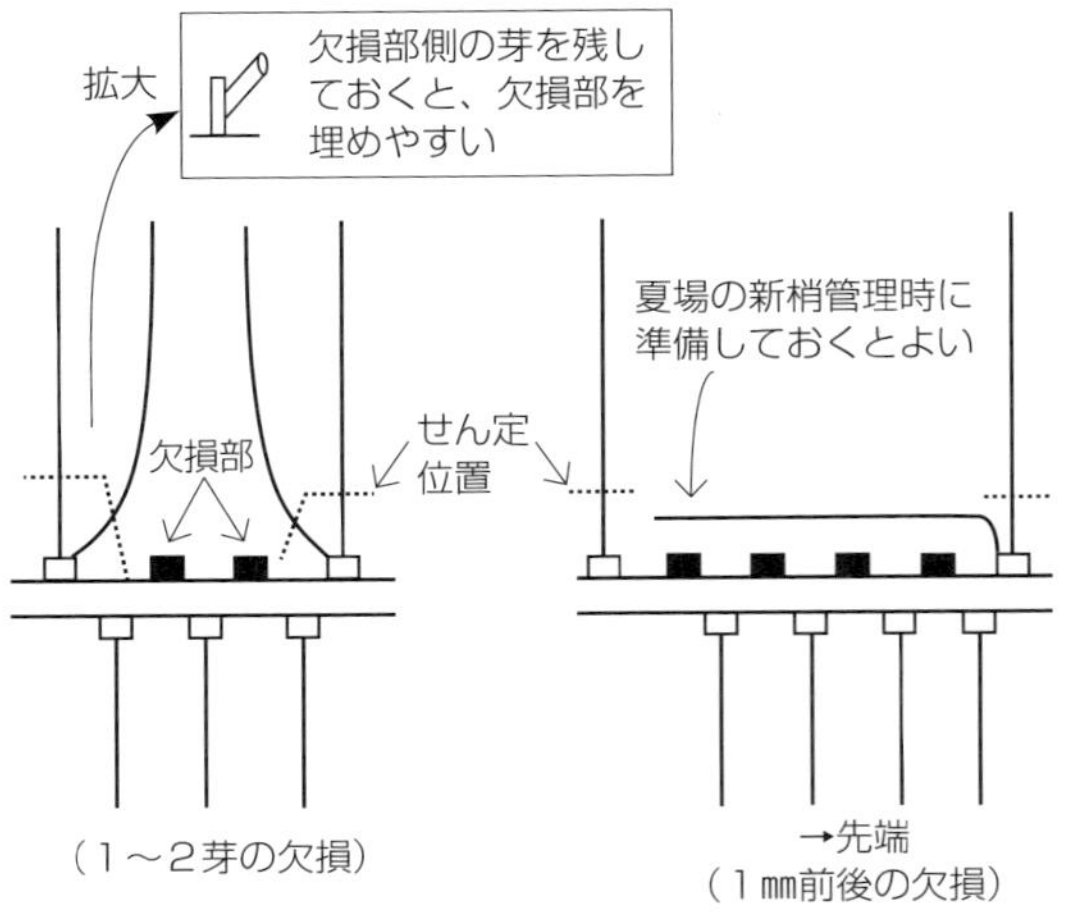

図4-3　芽座の欠損部のせん定方法（短梢せん定樹）

ペースを補うようにする（図4-3）。長く伸びた新梢から順次誘引し、隣り合う新梢や反対方向から伸びた新梢と交差しないように気を付ける。誘引の時期が早いと新梢が折れることが多く、遅れると新梢が絡まり、作業が非効率になる。タイミングよく行なうことがポイントである。

なお、岡山県を中心とする西日本の産地では新梢を途中から棚下に下げる方法が採られ、山梨県などでは垂らさず、棚上に誘引する方法で栽培されている。どちらも一長一短あるが、栽培規模が大きい産地では、乗用草刈り機やSS（スピードスプレーヤ）の運行に妨げにならない「山梨方式」が多く採用されている。

●摘心と副梢の取り扱い

①摘心の効果とその実際

摘心とは、伸びている新梢の先端を切除する作業である。開花直前に摘心を行なうと、新梢の伸びを抑え、養分が一時的に花穂に転流する。このため結実が良好になり、果粒肥大を促す。また、長く伸びた新梢を止めることで短い新梢の生長が追いつき、生育が揃う効果もある。生育が揃うと房づくりやジベレリン処理といった作業が効率的になり、果実品質も揃うようになる。

摘心は、強く伸びている新梢に対してのみ行なう。種なし栽培では、開花直前に80cm以上伸びている新梢に対して先端の未展葉部分を切除する（写真4-6）。これは高品質な果実を得るために重要であり、必ず行なう。80cmより短い新梢には必要ない。

写真4-6　新梢の摘心（写真は摘心後）
強く伸びている新梢は先端の未展葉部分を切除する

種あり栽培は、開花始め期の新梢長が50～60cmになるような樹相が理想で、基本的にはせん定や施肥で調節するが、これ以上に長く伸びている新梢があれば摘心する。時期としては開花の1週間くらい前に行なうが、摘心することでショットベリー（無核の小さな果粒）の着粒が増加し、摘粒作業に手間がかかることもある。このため、一律に摘心を行なうのではなく、長く伸びている新梢にのみ先端を軽く摘心する。

②開花始めの強摘心による果粒肥大促進

（例：シャインマスカット）

開花直前の摘心は、前述のとおり新梢の

先端を軽く摘む「未展葉部分の摘心」が基本である。これは、成熟に必要な葉数の確保をすること、副梢の発生を抑えることを考慮しているからである。一方で、強風や誘引時の折れなどで強く摘心された新梢に、果粒が非常に肥大した房が着く事例もしばしば見られる。そこで、山梨県果樹試験場で糖度などの果実品質や樹勢を低下させずにいっそうの果粒肥大をねらった摘心の方法を、シャインマスカットを例に検討した。

その結果、摘心を行なわなかった区に比べ、「未展葉部分」あるいは「先端3節」を摘心すると果粒肥大が大幅に促進された。とくに「先端3節」を摘心した区でより果粒肥大が優れる傾向が見られた（表4－2）。

表4－2　開花始め期の摘心処理がシャインマスカットの果実品質に及ぼす影響（2012）

摘心部位	葉数 z	果房重	着粒数	果粒重	糖度	酸含量
	枚／新梢	g		g	Brix	g/100mℓ
未展葉部	12～13	473	33	14.1 a	22.0 ab	0.26
先端3節	10～11	542	36	14.8 a	21.6 b	0.28
無摘心		464	36	12.3 b	22.7 a	0.26

異符号間に5％水準で有意差あり（Tukey 法）　z：摘心後に残る葉枚数
※処理日：6月12日（開花始め期、展葉12～13枚）、調査日：9月13日、A34号園、9年生短梢せん定樹（5BB台）

表4－3　開花始めにおける摘心部位の違いがシャインマスカットの果実品質に及ぼす影響（2012）

摘心部位	葉数 z	果房重	着粒数	果粒重	糖度	酸含量
	枚／新梢	g		g	Brix	g/100mℓ
未展葉部	12～13	478	36	13.5 b	19.0 a	0.38
先端3節	10～11	466	33	13.9 ab	19.0 a	0.40
房先3節 y	7～8	497	33	15.3 a	18.6 a	0.38

異符号間に5％水準で有意差あり（Tukey 法）　z：摘心後に残る葉枚数　y：先端6節に相当する
※処理日：6月7日（開花始め期、展葉12～13枚）、調査日：8月30日、B46号園、9年生短梢せん定樹（5BB台）

③房先3節摘心でさらに効果

摘心の強度を強めると、さらなる果粒肥大が期待できる。具体的には、房先の葉を3枚残す「房先3節」の摘心で、「先端3節」の摘心以上の果粒肥大が得られた（表4－3）。この「房先3節」の摘心は、本梢の葉が7～8枚となることから果実品質への影響も心配されたが、糖度や酸含量に大きな影響は認められなかった。強い摘心を行なうと副梢が発生する。これにより必要な葉面積が確保されるためと考えられる。

この摘心は、長梢せん定樹では樹形形成が困難で、十分な芽数が確保しにくくなるため、短梢せん定樹のみの適用となる。

④遅れても摘心はやったほうがよい

作業の集中や遅れから開花始め期に摘心ができないこともある。その場合でも、満開期までに房先6枚を残す摘心を行なえば十分な果粒肥大効果が得られる。また、開花始め期から約3週間後の摘粒直後の処理でも一定の効果が得られる。そのため、仮に時期が遅れたとしても摘心は必ず実施したい。

なお、満開期以降の処理では軽い摘心よりも強めの摘心のほうが効果は高い。

ただ摘心を行なうと果粒肥大が促進されるため大房になりやすく、糖度の上昇が遅れることが心配される。着果過多には十分気を付ける。

⑤副梢の処理

摘心を強く行なうと副梢が発生しやすく

写真4-7　副梢の摘心
葉を３枚程度残して摘心する（矢印）。また発生してきたら、ふたたび基部の葉を１枚残して摘心する

なる。摘心した部位から発生する先端の副梢はそのまままっすぐ誘引し、そのほかの節から発生した副梢で強く伸びるものは葉を3枚程度残して摘心する（写真4-7）。しばらくしてまた発生してきたら、ふたたび基部の葉を1枚残して摘心する。しかしベレーゾン以降も発生してくるのはチッソ肥料の施し過ぎか、冬のせん定の切り過ぎと考えられる。秋冬の施肥、また、せん定作業を見直す必要がある。

一方、立ったままで伸びが止まるような副梢はそのままとし、葉面積を確保する。とくに果実周辺の弱い副梢の葉は光合成を活発に行なって果実の発育や樹体の養分蓄積に大きく貢献する。むやみに切除しない。

ちなみに、副梢にも花穂が着生するが、成熟期間が短いために成熟しない。また、副梢の花穂は病気が発生しやすく、本梢の果実との養分競合もおこすので、副梢に着いた花穂は切除する。

●フラスター液剤による摘心の代用

以上述べたとおり、摘心の着粒安定、果粒肥大効果は大きい。しかし園一面の新梢を一本一本摘心して回るのは大変な作業である。とくに新梢の先端方向がばらばらな長梢せん定樹では多大な労力が必要となる。そのなかで用いられているのが、フラスター液剤の散布による新梢伸長抑制技術である。これを使って摘心代用とすることができる。

①展葉9〜10枚時が処理適期

フラスター液剤の作用機作は、ジベレリンの生合成阻害による新梢の節間伸長の抑制、内生ジベレリンの濃度低下による有核果粒の増加であり、種あり栽培では着粒増加、種なし栽培では新梢伸長抑制を目的に使用されている。

摘心代わりにこれを使用する場合、使用時期は開花前の展葉9〜10枚が適期である。希釈倍率は表4-4のとおりだが、とくに欧州系品種は効き過ぎると、着粒過多などの悪影響があるので注意が必要である。なお、本剤散布の副次的な効果として、支梗の伸びが抑制されるため、横張りが少ない、まとまった果房に仕上げることができる。

②弱樹勢や生育が不揃いな樹は注意して使う

シャインマスカットは、従来の未展葉部位の軽い摘心よりも、強めの摘心を行なうことで果粒肥大効果が高まることを述べた。この場合も、フラスター液剤を散布することで摘心後の強勢な副梢の発生が少

表4-4　フラスター液剤のブドウへの適用内容（2018年4月現在）

<table>
<tr><th colspan="2">作 物 名（品 種 名）</th><th>使用目的</th><th>使用時期</th><th>希釈倍数（倍）</th><th>使用液量（ℓ/10a）</th><th>本剤およびメピコートクロリドを含む農薬の総使用回数</th><th>使用方法</th></tr>
<tr><td rowspan="2">巨　峰</td><td>露地栽培</td><td rowspan="5">着粒増加、新梢伸長抑制</td><td rowspan="5">新梢展開葉7～11枚時（開花始期まで）</td><td>1,000</td><td>300</td><td rowspan="14">2回以内</td><td rowspan="16">散布</td></tr>
<tr><td>施設栽培</td><td rowspan="4">500～800</td><td rowspan="4">100～150</td></tr>
<tr><td colspan="2">巨峰系4倍体品種（巨峰、ピオーネを除く）</td></tr>
<tr><td colspan="2">2倍体米国系品種</td></tr>
<tr><td colspan="2">3倍体品種（ナガノパープルを除く）</td></tr>
<tr><td colspan="2">ナガノパープル</td><td>新梢伸長抑制</td><td>満開10～20日後</td><td>500</td><td>150</td></tr>
<tr><td colspan="2">2倍体欧州系品種（シャインマスカットを除く）</td><td>着粒増加、新梢伸長抑制</td><td rowspan="2">新梢展開葉7～11枚時（開花始期まで）</td><td>1,000～2,000</td><td rowspan="2">100～150</td></tr>
<tr><td colspan="2" rowspan="3">ピオーネ</td><td>着粒増加</td><td>500～800</td></tr>
<tr><td rowspan="2">新梢伸長抑制</td><td rowspan="2">満開10～40日後</td><td>500</td><td>150</td></tr>
<tr><td>1,000</td><td>300</td></tr>
<tr><td colspan="2" rowspan="4">シャインマスカット</td><td>着粒増加</td><td rowspan="2">新梢展開葉7～11枚時（開花始期まで）</td><td rowspan="2">1,000～2,000</td><td rowspan="2">100～150</td></tr>
<tr><td rowspan="3">新梢伸長抑制</td></tr>
<tr><td rowspan="2">満開10～40日後</td><td>500</td><td>150</td></tr>
<tr><td>1,000</td><td>300</td></tr>
<tr><td rowspan="2">デラウェア</td><td>露地栽培</td><td rowspan="2">新梢伸長抑制</td><td rowspan="2">新梢展開葉7～11枚時（開花始期まで）</td><td>1,500～2,000</td><td>200～250</td><td rowspan="2">1回</td></tr>
<tr><td>施設栽培</td><td>800～1,000</td><td>100～150</td></tr>
</table>

注：①露地栽培の巨峰およびデラウェアは、スピードスプレーヤを用いて散布する適用もある
②巨峰（露地栽培）：1000倍液を300ℓ/10a散布
③デラウェア（露地栽培）：1500～2000倍液を200～250ℓ/10a散布

なくなり、副梢管理が省力化できる。具体的には、展葉10枚時にフラスター液剤1500倍を100～150ℓ/10a散布し、その後開花直前の摘心、次いで副梢の管理、となる。

また種あり巨峰で着粒増加を目的に使用する場合は、生育良好な第2新梢（結果母枝の先端から2番目に発生する新梢。順調に生育するので、散布時期の目安とするのにちょうど適している）の展葉枚数が7～8枚時に、動力噴霧器では500倍液を100～150ℓ/10a、スピードスプレーヤでは1000倍液を300ℓ/10a散布する。ただし、樹勢が弱い樹には、新梢伸長が過度に抑制され葉数不足になるので使用しない。また、生育が不揃いで部分的に極端に伸びている新梢がある樹では、その部分を中心に散布する。

（注）平成31年1月に適用拡大され、シャインマスカットとピオーネでは満開10～40日後、ナガノパープルでは満開10～20日後にも使用可能となり、これらの品種では総使用回数が2回以内となった。

2 果房管理と種なし化処理

●花穂の生育・整理

①花穂の生育

展葉4～5枚目頃になると、新梢の先端に花穂が見え始める。花穂は、それより前の発芽期直前に芽の内部で急速に軸を伸ばし、発芽後は蕾の分化を続け、発達する。蕾の内部では展葉が進むにつれて花冠や雄しべ、雌しべなどの器官が順次形成され、花器が完成し、展葉12～13枚頃になると花冠が飛び、開花が始まる。

②花穂数と着粒数

新梢に着生する花穂数は、樹体の栄養状態にもよるが、デラウェアやサニールージュなどでは4～5花穂、巨峰やピオーネなどは2～3花穂、リザマートやピッテロビアンコなどは1～2花穂と品種によって異なる。

花穂の大きさや蕾の着き具合も品種により異なり、デラウェアのように小さな花穂では200粒程度、巨峰やピオーネでは500粒、ネオマスカットでは1000粒を超える蕾が着く。しかし、この蕾がすべて結実するわけではなく、果粒になるのは20～60％である。実際に、開花期の前には、花振るいと呼ばれる落蕾現象がおき、一つの房に数粒しか残らない歯抜けの状態になることも珍しくない。

この花振るいという生理落果はブドウ特有の現象で、開花前から開花期までの短期間に一斉に蕾が落下し、それ以降の生理落果はほとんど認められない。

ブドウに限らず果樹栽培で重要なのは、まずはよく結実させることである。着粒しすぎると摘粒や摘房に手間がかかって大変だという人もいるが、花穂の着生が悪い樹や花振るいをして着粒が少なくなった房に後から着けるわけにはいかない。結実確保はブドウ栽培でももっとも重要なポイントである。

●摘房の考え方と実際

①LAI2～3、10a1.5～2tが目安

正常に生育しているブドウの新梢には二～五つの花穂が着く。着いた花穂がすべて商品性のある果房に仕上がればよいが、実際には花穂を切り落とし半分以下に制限している。

植物の葉の量を示す言葉にLAI（Leaf Area Index; 葉面積指数）という指数がある。単位土地面積あたりの葉の表面積の総和を表わす指数で、この値が大きくなるほど繁茂度は高くなる。発芽以降、LAIは徐々に大きくなっていき、ピーク時に生産性の高いブドウ園ではLAIは2～3になる。これは、地表の面積に対し2～3倍の葉面積、つまり葉が2～3枚重なった状態にある。とはいえ、ブドウの葉は真っ平らでなく、仰角がある漏斗状になっているので、LAI値が大きくても棚に降り注いだ陽光は効率的に受光できる。しかし、LAI値がこれ以上大きくなると、下層部の葉に光は届かなくなり、黄化して光合成しない無意味な葉となってしまう。平棚でつくるブドウは葉面積にも限りがあり、おのずと光合成による同化量も決まっている。その同化産物は、果房だけではなく枝や根や幹にも分配される。このようなこと

を計算すると、平棚栽培のブドウにおいて現在の技術で安定して経済栽培できる収量は、10aあたり1.5〜2tが目安となる（73ページ表5-1参照）。

②品種・栽培別の摘房法

葉面積が限られれば光合成量による同化量も限られ、収量（=着果可能量）もそれに規定される。それは品種や栽培方法によっても異なる。

大粒系品種・種なし栽培…ここでは、巨峰群品種やシャインマスカット、瀬戸ジャイアンツなどのように1果粒が10g以上になる品種を大粒系品種とする。

近年は消費者ニーズから種なし栽培が主流となっている。種なし栽培では植調剤処理により着粒は安定しているので、着粒確保を目的とした樹勢調節のために摘房を遅らせたり、段階的に行なったりする必要はない。房づくり時に30cm以下の新梢は空枝にし、他はすべて1花穂に制限する。房づくり作業は非常に多くの労力を要する。省力化を図る意味で、このような方法が現在では主流となっている。

大粒系品種・種あり栽培…巨峰群品種や甲斐路、ロザリオビアンコといった品種では、まだまだ種ありで栽培している生産者も多い。種あり栽培の場合、いかに結実を確保するかが重要で、せん定や芽かき、誘引などいずれの管理もこれを目的にする。摘房においてもやはり結実確保を念頭に行なう。

種なし栽培のように一気に1新梢1花穂に制限してしまうと、養分が新梢の伸長にまわり花振るいをおこしやすい。樹勢が強めな樹や生育の揃いが悪い樹では摘房は行なわず、枝の伸びを抑えるようにする。さらに非常に強い樹勢の場合は、摘房の時期を遅らせ、新梢の伸びを抑える。

樹勢が落ち着いている樹では、多くの花穂を残しておく必要はない。最終着房数の2倍を目安に残し、残りは摘房する。

小〜中粒系品種…果粒重が10g未満のデラウェアやナイアガラ、キャンベルアーリーなどの品種は、一般に結実はよく、花振るいの心配は少ない。このため、種なし栽培でも種あり栽培でも、房づくり時には最終的な着房数に制限してしまってもよい。最終的な房数の目安は、強い新梢には2房、中庸な新梢には1房、弱い新梢は空枝とする。

●房づくりの考え方と実際

①結実安定と房型の整形

房づくりは、花穂を切り詰めて蕾の数を制限することで、蕾同士の養分競合を軽減し、結実を安定させるとともに、房型を整え商品性の高い房に仕上げるのが目的である。この房づくりは、程度の差はあれほとんどの品種で行なわれるが、時期や方法は品種によって異なる（図4-4）。

②品種・栽培別房づくり

大粒系品種…大粒系品種は現在、種なし栽培が主流。その房づくりは、開花直前から開花始めの時期に、写真4-8に示したように花穂の下部3〜4cmを残して、それ以外の支梗は切り落とす。房づくりの時期は花穂が十分に伸びきった1〜2輪咲き始めた頃が適期である。作業の都合上、この時期より早めに行なう場合は、やや短めにつくらないと花穂が伸びて大房になりやす

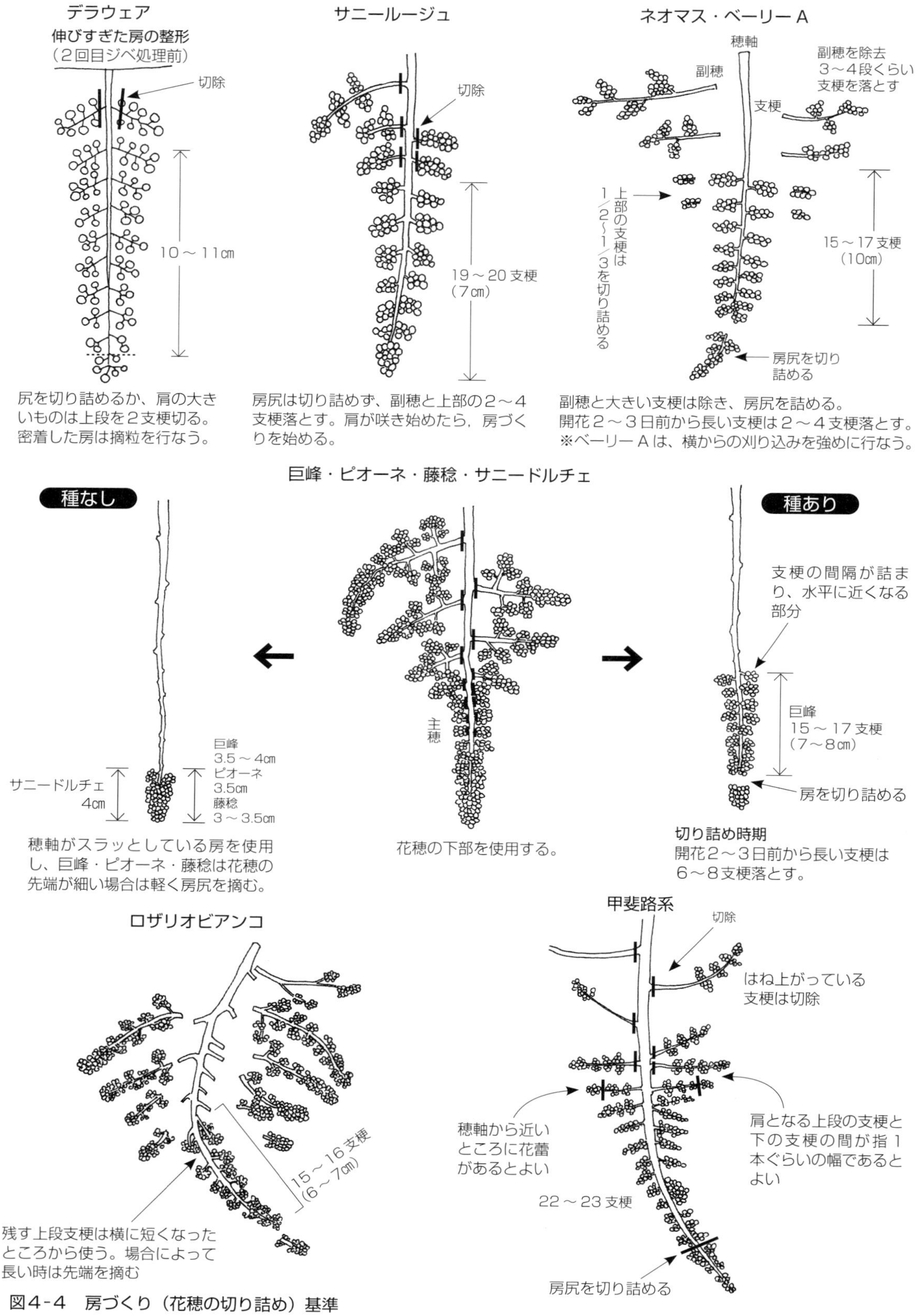
デラウェア
伸びすぎた房の整形
（2回目ジベ処理前）
切除
10～11cm
尻を切り詰めるか、肩の大きいものは上段を2支梗切る。密着した房は摘粒を行なう。
サニールージュ
切除
19～20支梗
（7cm）
房尻は切り詰めず、副穂と上部の2～4支梗落とす。肩が咲き始めたら，房づくりを始める。
ネオマス・ベーリーA
穂軸
副穂
副穂を除去
3～4段くらい
支梗を落とす
支梗
上部の支梗は1/2～1/3を切り詰める
15～17支梗
（10cm）
房尻を切り詰める
副穂と大きい支梗は除き、房尻を詰める。
開花2～3日前から長い支梗は2～4支梗落とす。
※ベーリーAは、横からの刈り込みを強めに行なう。
巨峰・ピオーネ・藤稔・サニードルチェ
種なし
サニードルチェ
4cm
巨峰
3.5～4cm
ピオーネ
3.5cm
藤稔
3～3.5cm
穂軸がスラッとしている房を使用し、巨峰・ピオーネ・藤稔は花穂の先端が細い場合は軽く房尻を摘む。
主穂
花穂の下部を使用する。
種あり
支梗の間隔が詰まり、水平に近くなる部分
巨峰
15～17支梗
（7～8cm）
房を切り詰める
切り詰め時期
開花2～3日前から長い支梗は6～8支梗落とす。
ロザリオビアンコ
15～16支梗
（6～7cm）
残す上段支梗は横に短くなったところから使う。場合によって長い時は先端を摘む
甲斐路系
切除
はね上がっている支梗は切除
穂軸から近いところに花蕾があるとよい
肩となる上段の支梗と下の支梗の間が指1本ぐらいの幅であるとよい
22～23支梗
房尻を切り詰める

図4-4　房づくり（花穂の切り詰め）基準

い。注意が必要である。

種あり栽培の場合は、支梗を上から切り下げ、花穂の下部を少し切り詰めて7cm程度の長さに整形する。種なし栽培の場合にはジベレリン処理により穂軸が伸びるため、3cmで十分であるが、種あり栽培では穂軸があまり伸びないので7cmと長めにつくる（写真4-9）。房づくりの時期はやはり開花直前から1〜2輪咲き始めた頃が適期である。しかし、樹勢が強い樹では開花期に入ってから行なったほうが結実しやすい傾向にある。樹勢を見ながら時期を調整する。

シャインマスカットやロザリオビアンコなど2倍体の大粒種も、巨峰群品種と同様の方法で房づくりを行なうとよい（写真4-10）。

その他の品種の房づくり方法…デラウェアやサニールージュなど小粒品種は、上の支梗を2〜5段切り下げる。花穂下部の切り詰めは行なわない。

ネオマスカットやマスカット・ベーリーA、甲斐路などは基本的にジベレリン処理はやらないので、上の支梗を3〜5段程度切り下げ、花穂下部を切り詰めて10cm程度の大きさにつくる。時期はやはり開花直前から1〜2輪咲き始めた頃がよい。ただし、

写真4-8　ピオーネの房づくり
1〜2輪咲き始めた頃が適期
（上部の支梗はジベ処理確認用の目印として残している）

写真4-9　赤嶺の房づくり
種あり栽培では穂軸があまり伸びないので10cm程度と長めにつくる

写真4-10　シャインマスカットの房づくり

デラウェアのように開花前にジベレリン処理を行なう品種では、それまでに房づくりは済ませておく（図4‐4参照）。

醸造用の品種では、房づくりは行なわないか、副穂または最上部の一つの支梗を切り落とすのみである。

●花穂整形の省力法

①花穂の肩部を使った房づくり

（シャインマスカット）

通常は主軸先端を3〜4cm残しその他の支梗は切除するが（写真4‐10）、これは上部支梗を残し、主軸は切除するやり方。

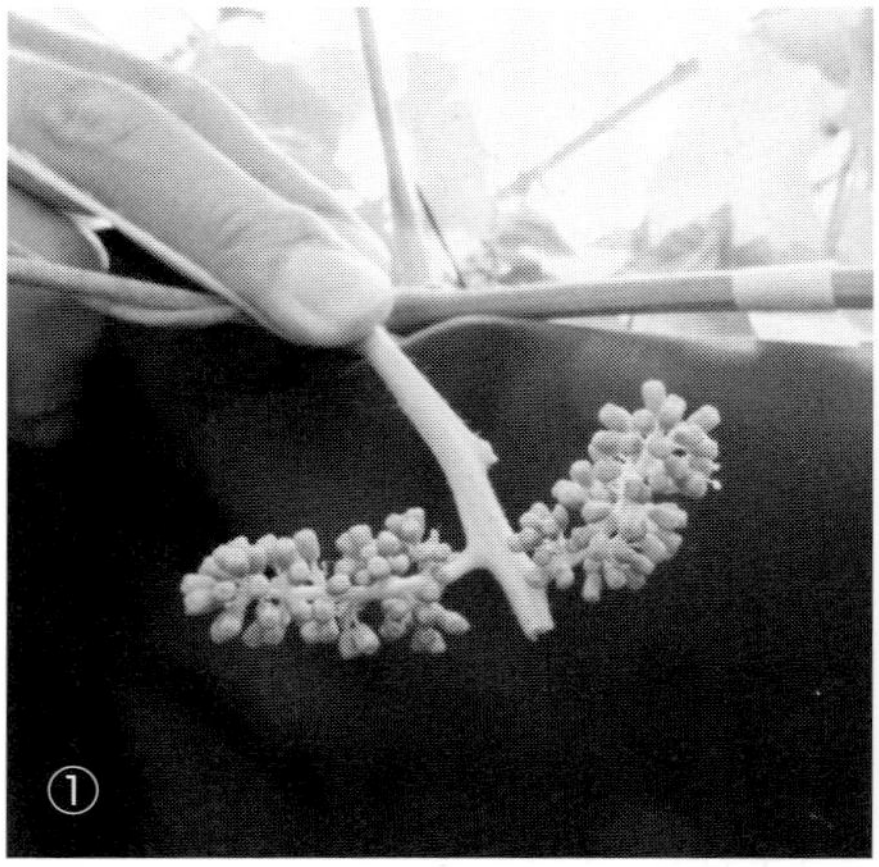

写真4-11
肩部を使った房づくり
（シャインマスカット）
①花穂整形し、②第1回ジベレリン処理後（2支梗まとめて処理）、軸長調整時にかたちがよいほうを残す。このあと2回目のジベレリン処理。③収穫果房。450〜500g程度の果房が多くなるが、商品化率は100%

花穂にハサミを入れる回数が少なく、3回程度で整形が終了する。また、長さ4〜4.5cmの上部支梗を用いることで、摘粒時には軸長が7〜8cmとちょうどよい長さとなる。

花穂整形の手間だけでなく、上部支梗を用いると、摘粒時間が慣行の房づくり方法の場合に比べ約6割程度削減できる。さらに、花穂伸長処理（68ページ）と併用することで3〜4割の果房が摘粒の必要がなくなり、慣行比8割減の大幅な摘粒時間の削減が可能となる。

果実品質も、果粒重は若干小さくなるが糖度の差は見られず、十分に商品性を有した果房になる。ただし、果粒が若干小さくなることから450〜550g（2L）の果房比率が増加する。山梨果樹試の試験では、果房上部がまとまりにくいものや着粒不足の果房も散見されたが、出荷できる房の割合は100％であった（写真4‐11）。

留意点としては、

①上部支梗長4cm以下だと目標の軸長に達しないことが多く、小ぶりの果房となって

しまう。

②果粒が若干小さくなることから、基本的には露地の成木に適用する。

③主軸切断部の軸褐変が一部の果房で認められる。短梢せん定樹においても本技術の導入は可能であるが、軸褐変がやや多く発生する傾向がある。

④花穂伸長処理を行なう場合は花穂を中心に行ない、新梢には飛散しないように注意する。

⑤花穂伸長処理により花穂が伸びすぎた場合には、第1回目ジベレリン処理の4～5日後に軸長を5～6cmに調整する。

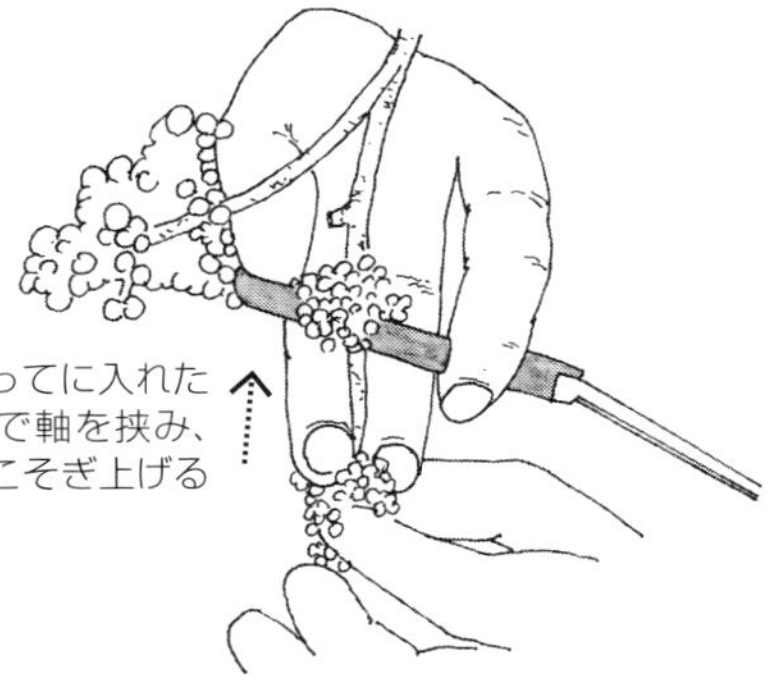
ハサミのとってに入れた
中指と薬指で軸を挟み、
下から上へこそぎ上げる

②小池式房づくり（写真4-12）

花穂が長い大房ブドウ（とくに4倍体巨峰系品種）の房づくりは、摘粒バサミを使用した整形と、素手でしごいて切除後、ハサミを取り出し調整する二つの方法で行なわれている。

ハサミのみで整形した場合、仕上がりはきれいだが時間がかかる。一方、素手で行なう場合は短時間で仕上がるが、微調整でハサミを取り出すのは手間である。

以下に紹介する「小池式房づくり法（山梨市・小池浩一氏考案）」は、ハサミを手にもち、その手で花穂整形を行なう方法で、両者の利点を活かしながら房づくりができる。

時期は慣行と同時期でよい。花穂の房尻5～6cmを左手でもち、その上の軸を、ハサミをふつうにもった右

写真4-12　摘粒バサミをもちかえることなく瞬時にできる「小池式房づくり法」
①花穂の房尻5～6cmを左手でもち、
②ハサミをもった右手の中指と薬指の第1関節周辺で挟んで（矢印）すばやく上部にスライドさせる。
③取り切れなかった支梗や花穂の上部支梗の切除など、微調整はもっているハサミを使う。

手の中指と薬指の第1関節周辺部で挟んですばやく上部にスライドさせることで支梗を切除する。花穂の上部支梗や細い支梗の切除など微調整は、もっているハサミを使う。こうしたやり方である（以上、左右の別は右利きの場合）。なお、花穂の短い品種（サニールージュやサニードルチェなど）や花穂伸長処理を施してあるものはこの方法では難しい。

●ジベレリン処理の実際

現在、多くのブドウで種なし栽培がなされているが、ジベレリンはそのために欠くことのできない資材である（写真4-13）。

①処理のねらい

ブドウ果実に対するジベレリンの作用には、種なし化、熟期促進、着粒安定、果粒肥大促進、花穂伸長促進がある。種なし果の形成には、単為結果（受精せずに果実が発達）の誘起と、単為結果した幼果の肥大促進という二つの過程を含み、ジベレリンは両方に関与している。

ジベレリンを開花前の花穂に処理する

表4-5　ジベレリン処理の目的と方法（2018年4月現在の適用表から抜粋）

使用目的	品種・グループ	1回目		2回目	
		濃度（ppm）	使用時期	濃度（ppm）	使用時期
無種子化・果粒肥大促進	ヒムロッドシードレス	100	着粒後		
	デラウェア	100	満開予定日約14日前	75～100	満開約10日後
	2倍体米国系品種	100	満開予定日約14日前	75～100	満開約10日後
	2倍体欧州系品種	25	満開時～満開3日後	25	満開10～15日後
	2倍体欧州系品種（1回処理）	25　※	満開3～5日後		
	3倍体品種（キングデラ、ハニーシードレスを除く）	25～50	満開時～満開3日後	25～50	満開10～15日後
	キングデラ	50	満開時～満開3日後	50～100	満開10～15日後
	ハニーシードレス	100	満開3～6日後		
	巨峰系4倍体品種	12.5～25	満開時～満開3日後	25	満開10～15日後
	巨峰系4倍体品種（1回処理）	25　※	満開3～5日後		
果房伸長促進	キャンベルアーリー	3～5	展葉3～5枚時		
	巨峰系4倍体品種	3～5	展葉3～5枚時		
	3倍体品種（キングデラ、ハニーシードレス、BKシードレスを除く）	3～5	展葉3～5枚時		
	2倍体欧州系品種（無核）	3～5	展葉3～5枚時		
着粒密度軽減・果粒肥大促進	サニールージュ	25	満開予定日約14～20日前	25	満開10～15日後
果粒肥大促進（有核栽培）	2倍体米国系品種（キャンベルアーリーを除く）	50	満開10～15日後		
	2倍体欧州系品種（ヒロハンブルグを除く）	25	満開10～20日後		
	巨峰、ルビーロマン、ハニービーナス	25	満開10～20日後		

※フルメット液剤10ppm加用

写真4-13
種なし栽培で欠くことのできないジベレリン処理

と、花粉の発芽率が低下するとともに、胚珠の発達も抑えられる。つまり、花粉側と胚珠側の両方が異常となることで受精ができず、単為結果が導かれると考えられている。

また、ジベレリンには生理落果を抑制する働きも認められている。ふつう単為結果した果実はそのままでは生育を停止して落果してしまうが、ジベレリンを処理することにより小果梗の基部にある離層の発達が抑えられ、落果を抑制する。

こうした作用により開花前から開花時に行なわれる1回目のジベレリン処理は、種なし化と、着粒安定を目的に使用される。しかしこのままでは種あり果と同等な果粒肥大は得られない。そこで、開花後2回目の処理により個々の細胞の伸長を促し、果粒肥大を促進させる。

②処理濃度と処理方法

ジベレリンによる種なし化技術がデラウェアで実用化されて以来、さまざまな品種で種なし化を図る試みがなされ、現在では表4-5のように多くの品種に適用されている。品種によりジベレリンの反応は異なるので、実用場面では品種ごとにもっとも効果的な濃度、時期が定められている。

巨峰系4倍体品種…房づくりで長さ3〜4cmに調整した花穂が満開になったとき（写真4-14①）、ジベレリン25ppmの水溶液に浸漬する。この処理で種をなくすことができる。満開時期がバラつく場合は、何回かに分けて処理する。処理時期が早いとショットベリーの付着や花穂の湾曲が見られる。

図4-14　ジベレリン処理適期の花穂
①巨峰系４倍体品種、②欧州系２倍体品種

一方、処理が遅れると種あり果の混入や、着色する品種では着色不良が心配されるので適期処理を心がける。

2回目は1回目の処理から10〜15日後、果粒肥大を目的に25ppmの水溶液に浸漬する。この場合も処理が遅れると着色不良や裂果が心配されるので、適期に行なうようにする。

欧州系2倍体品種…シャインマスカットや瀬戸ジャイアンツなど欧州系2倍体品種は巨峰系4倍体品種に準じて、房づくりとジベレリン処理を行なう（写真4－14②）。

1回目の処理は満開期に行なうが、未開花の花蕾が多く残っている状態で処理すると花穂が湾曲することがある（写真序－4）。処理は、すべての花蕾が咲ききってから行なう。一方、処理が遅れると花振るいが発生しやすくなるので、こちらも注意する。

2回目は巨峰群品種と同様、1回目の処理から10～15日後に行なう。

なお、シャインマスカットではジベレリン処理だけでは完全に種なし化が難しい。そこで開花の前にアグレプト液剤を処理する（散布ないし浸漬）。また、着粒安定のため1回目のジベレリン処理液にフルメット液剤5ppmを加用処理するのが一般的である。

米国系2倍体品種…デラウェアやマスカット・ベーリーAなど米国系の血が濃い品種はジベレリンに対する感受性が鈍いため、処理濃度を濃くする必要がある。また、1回目の処理時期も満開期では種が入ってしまうので、満開予定日の2週間前にジベレリン100ppmの水溶液に浸漬し、処理した花穂が満開となった10日後にふたたび100ppmに浸漬する。

その他の品種…上記以外の品種も種なし化は可能である。ジベレリンに添付されている説明書に、ほぼすべての品種が網羅されているので、参考にしていただきたい。

●アグレプト液剤とフルメット液剤の利用

種なし化や果粒肥大の促進などを後押しする目的で、ジベレリンと併用される植調剤（植物成長調節剤）がある。ここではブドウの安定生産に向け広く用いられている植調剤の使用ポイントを紹介する。

①アグレプト液剤による種なし化

アグレプト液剤は現在、ブドウ全般に種なし化を目的に使用可能となっている（表4－6）。とくにシャインマスカットや藤稔などの種子の入りやすい品種は本剤の使用が必須となっている。

この剤の種なし化の作用機作は、受精前の胚珠の発育阻害によるとされている。このため、開花前の早い時期での処理のほうが種なし化の効果は高い。逆にいうと、処理時期が満開日に近づくほど種が混入しやすくなるので、登録上の使用時期は満開予定日の14日前～満開時だが、生育状況をよく観察し、早めの処理が効果的である。

処理には散布と花房浸漬がある。種あり栽培樹との混植園や隣接園周縁部では、薬液飛散の恐れがあるので浸漬処理とする。

湿度が低く、風が強い日に処理すると薬効を低下させるので、強風時や極端に乾燥している日は処理を行なわない。乾燥が続く場合は、処理後の湿度を確保するため圃場に散水する。また、午後には強い風が吹きやすいので、午前中に処理するようにする。

②フルメット液剤による果粒肥大

フルメット液剤は植物ホルモンのサイトカイニンと同様な働きをし、その作用は細胞分裂の促進、細胞伸長の促進、単為結果の誘起、着果促進、老化防止などである。

表4-6　アグレプト液剤の使用目的と使用方法

作物名	使用目的	希釈倍率	使用液量（ℓ/10 a）	使用時期	本剤の使用回数	使用方法	ストレプトマイシンを含む農薬の総使用回数
ブドウ	無種子化	1,000倍（200ppm）	200～700	満開予定日の14日前～開花始期	1回	散布	1回
			30～100			花房散布	
			—			花房浸漬	
				満開予定日の14日前～満開期		花房浸漬（第1回ジベレリン処理と併用）	

注：2015年10月31日現在の登録内容

表4-7　フルメット液剤のブドウの品種区分における種なし栽培の適用内容（2016年3月現在）

おもな品種		使用目的	使用濃度（ppm）	使用時期	使用方法
2倍体米国系品種	マスカット・ベーリーA、アーリースチューベン（バッファロー）、旅路（紅塩谷）など	着粒安定	2～5	満開予定日約14日前	ジベレリン加用花房浸漬
		果粒肥大促進	5～10	満開約10日後	ジベレリン加用果房浸漬
	デラウェア（露地栽培）	着粒安定	2～5	開花始め～満開時	花房浸漬
			5		花房浸漬
		果粒肥大促進	3～5	満開約10日後	ジベレリン加用果房浸漬
			3～10		ジベレリン加用果房散布
		ジベレリン処理適期幅拡大	1～5	満開予定日18～14日前	ジベレリン加用花房浸漬
2倍体欧州系品種	瀬戸ジャイアンツ、ルーベルマスカット、シャインマスカット、オリエンタルスター、ジュエルマスカット、サニードルチェなど	着粒安定	2～5	開花始め～満開前または満開時～満開3日後	花房浸漬
					ジベレリン加用果房浸漬
		果粒肥大促進	5～10	満開10～15日後	ジベレリン加用果房浸漬
		無種子化・果粒肥大促進	10	満開3～5日後（落花期）	ジベレリン加用花房浸漬
		花穂発育促進	1～2	展葉6～8枚時	花房散布
3倍体品種	サマーブラック、甲斐美嶺、ナガノパープル、キングデラ、ハニーシードレス、BKシードレスなど	着粒安定	2～5	開花始め～満開時または満開時～満開3日後	花房浸漬
					ジベレリン加用花房浸漬
		果粒肥大促進	5～10	満開10～15日後	ジベレリン加用花房浸漬
巨峰系4倍体品種	巨峰、ピオーネ、安芸クイーン、翠峰、サニールージュ、藤稔、ゴルビー、ブラックビート、クイーンニーナ、シナノスマイル、陽峰、紫玉、高妻など	着粒安定	2～5	開花始め～満開時	花房浸漬
				または満開時～満開3日後	ジベレリン加用花房浸漬
		果粒肥大促進	5～10	満開10～15日後	ジベレリンに加用または単用で処理果房浸漬
		無種子化・果粒肥大促進	10	満開3～5日後（落花期）	ジベレリン加用花房浸漬
		花穂発育促進	1～2	展葉6～8枚時	花房散布

注：①デラウェアの施設栽培における着粒安定の登録は、開花始め～満開時にフルメット5～10ppm花房浸漬となっている
②サニールージュは着粒密度低減・果粒肥大促進の登録があり、開花予定日20～14日前にフルメット3ppmをジベレリン25ppmに加用して処理する

ブドウでは着粒安定や果粒肥大促進、花穂発育促進を目的に広く使用されている（表4-7）。

種なし栽培の巨峰系4倍体品種や欧州系2倍体品種では着粒安定を目的に、第1回目のジベレリン処理液に2～5ppm加用して処理している。果粒肥大の促進を目的とする場合では、第2回目のジベレリン処理液に5～10ppmを加用するか、フルメット液剤を単用で処理する。

山梨県の巨峰やピオーネ、シャインマスカットでは、第1回目に5ppmを加用して処理することが広く行なわれている。着粒安定と果粒肥大促進に効果があり、処理適期幅の拡大も見込まれるので、とくに一斉に処理を行なう場合は必須となっている。

なお、第2回目のジベ処理液に混用して使用すると、果粒肥大は優れるものの、着色不良や糖度低下など品質に影響を及ぼしやすいので、巨峰系4倍体品種では推奨しない。ただしジベレリンに混用しないで単用（5ppm）で処理すると、果粒肥大はやや劣るが、着色不良となることは少ない。

●その他ジベレリン活用術

①低濃度・ピンポイント散布による花穂伸長、摘粒作業の省力化

展葉3～5枚時の花穂にジベレリン3～5ppmを散布すると花穂が伸び、着粒密度を下げることで摘粒作業を省力化できる。2017年4月現在、欧州系2倍体品種、3倍体品種の一部、巨峰系4倍体品種で登録がとれた処理で、その処理後の具体的な果房の姿を写真4-15に示した（品種：巨峰、摘粒前）。

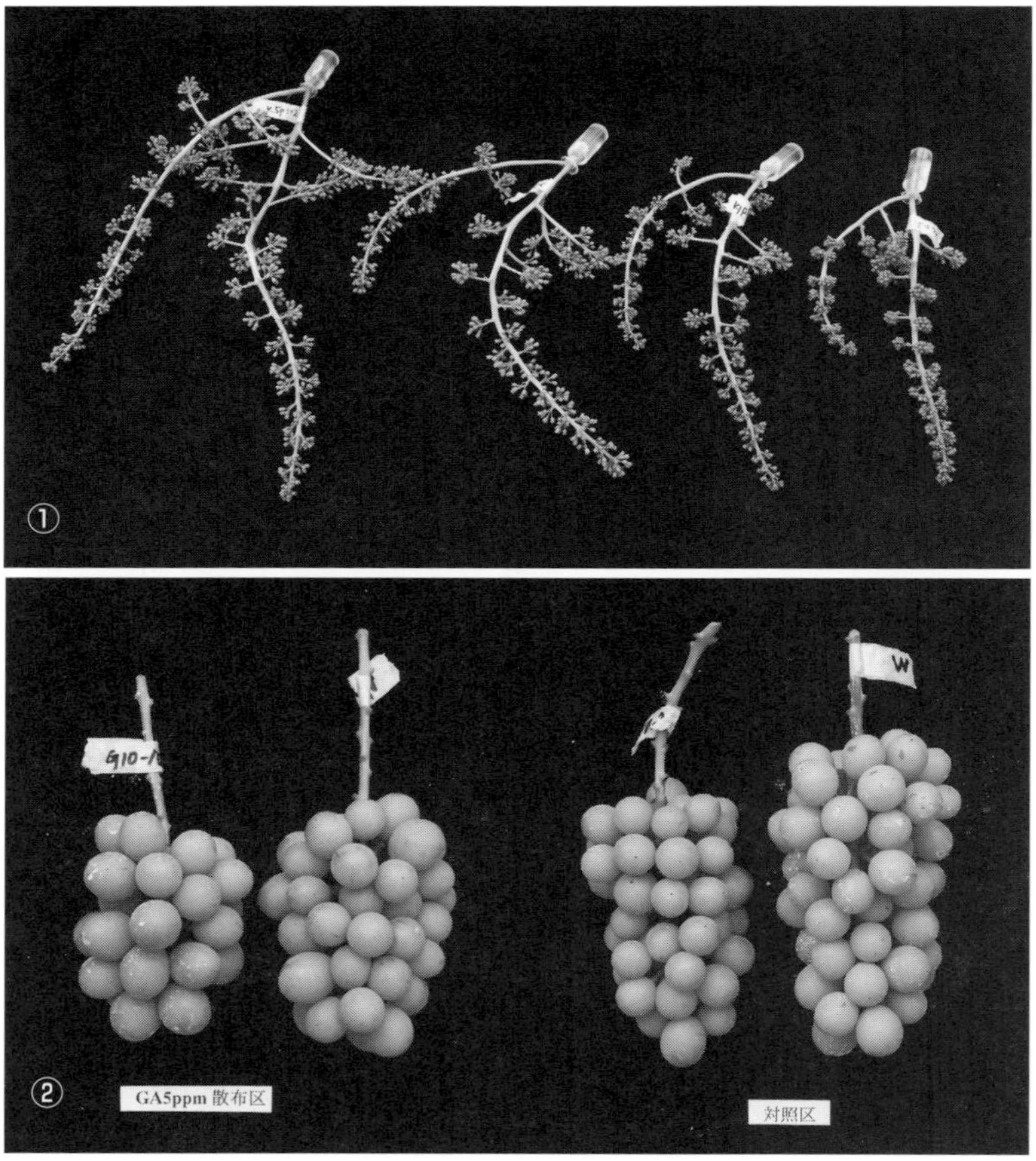

写真4-15　ジベレリンの低濃度・ピンポイント散布の効果
①ジベレリン低濃度で散布すると花穂が伸び、着粒密度を下げることで摘粒作業を省力化できる（左から5ppm散布、3ppm散布、1ppm散布、対照区。品種は巨峰、摘粒前）。②低濃度散布による花穂伸長区の着粒状況（左の2つが5ppm散布区、右は対照区）

登録では展葉3～5枚時だが、園全体が

展葉5枚程度になった時期が処理適期である。動力噴霧機やSSで樹全体に散布すると、翌年に不発芽や発芽遅延など致命的な障害が発生するので、必ず肩掛け噴霧器などを用いて花穂中心に撒布する。

必ずしもすべての花穂に処理する必要はなく、多少生育がバラついているような園では、展葉5枚程度に生育している新梢に着生している花穂のみ処理するだけでも、摘粒作業の軽減が期待できる。

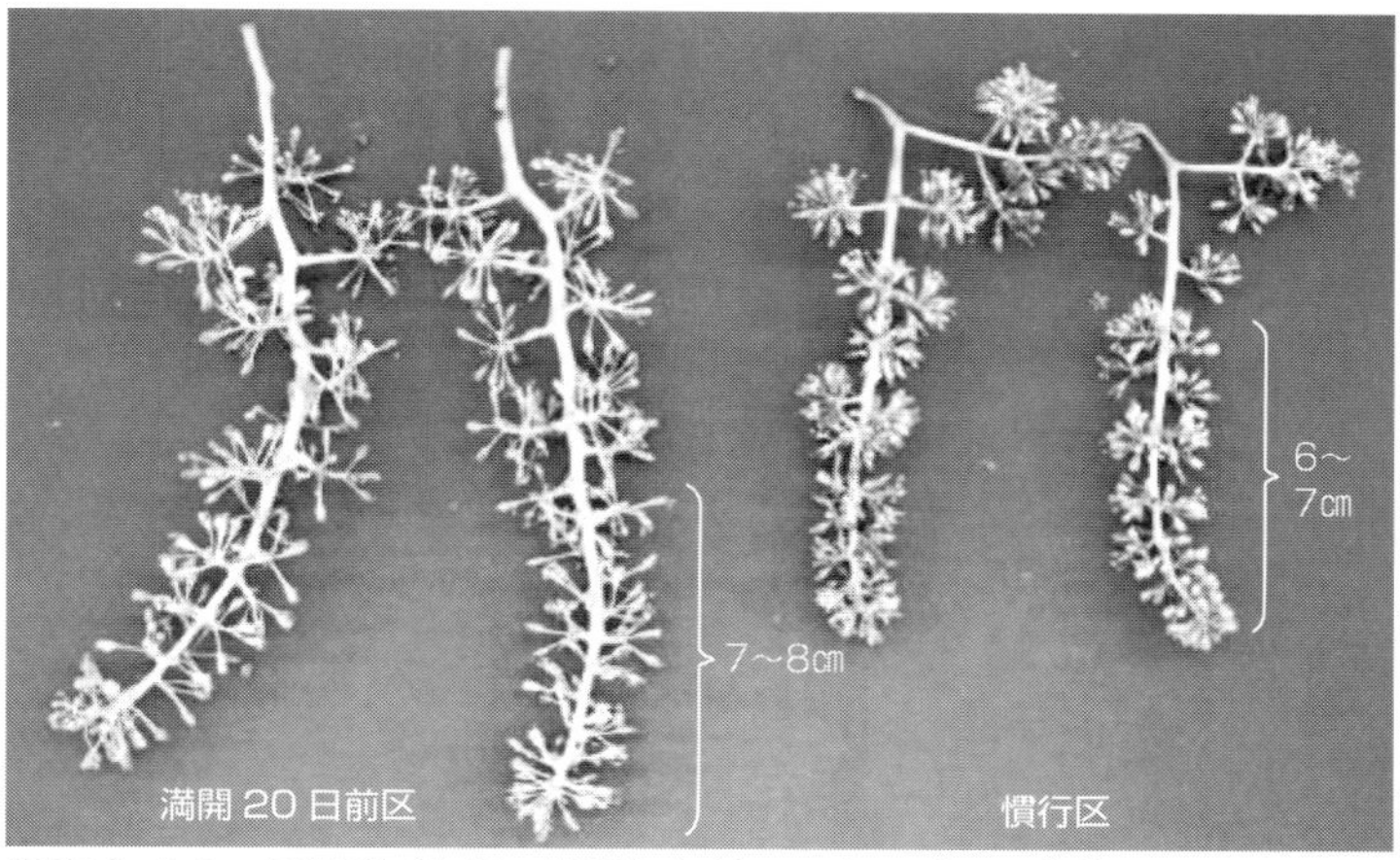

写真4-16　早期ジベレリン処理したサニールージュの花穂
花穂が大きく伸長し、着粒密度、着粒数が減少して、摘粒時間が大幅に減る

なお、ハウスでの使用は、支梗の伸び過ぎや花穂の湾曲を生じるので、本技術の適用は露地のみとする。また、初めてこの技術を導入する場合は、園の一部で試し、散布量と伸長効果を見きわめ、コツをつかんでから本格的に実施するとよい。

②サニールージュの早期ジベレリン処理

低濃度処理とは別にサニールージュでは早期のジベレリン処理による果房伸長促進、摘粒作業の軽減技術がある。満開約20〜14日前にジベレリン25ppmにフルメット液剤3ppmを加用して浸漬処理し、花穂伸長と着粒安定を図る。第2回目は、果粒肥大促進目的に満開10〜15日後にジベレリン25ppmを処理する。これらの処理により慣行に比べ花穂が大幅に伸長し、着粒密度、着粒数が減少して摘粒時間が大幅に減少する（写真4-16）。

開花期に近づくほど花穂伸長効果は低下するので、省力効果を最大限得るには、満開20日前の処理（展葉9枚時）を基準にするとよい。

処理方法は、房づくり前の第2および第3花穂に、下部から半分程度にジベカップで浸漬する。その後、花穂は急激に伸びるが、伸びきった花穂は第2回目の処理までに房尻を切らずに7〜8㎝程度に整形する。このとき、形がよく摘粒しやすい房を残して1新梢1房とし、余計な手間がかからないようにする。摘粒は軸長8㎝、45〜50粒を目安にすると400g前後の房に仕上がる。

③ジベレリン1回処理

ジベレリン1回処理とは、従来2回行

写真4-17　ジベレリン1回処理適期の花穂（満開3〜5日後）

なっていたジベレリン処理を1回に削減する方法である。具体的には、満開3～5日後（写真4‐17）に、ジベレリン25ppmにフルメット液剤10ppmを加用した液に花穂を浸漬する。

試験開始当初は果房管理の省力化（2回→1回）が主目的であったが、このほかにも着色向上、果粉が厚くのり、外観が美しくなる、支梗が伸びにくく房がまとまりやすい、などの利点も再確認されている。

1回処理は適期に行なうことが、成功のポイントとなる。適期より早いと果粒肥大が不足し、遅れてしまうと着色不良になりやすい。新梢の生育が揃っている樹では処理もやりやすいが、バラついている場合は、何回かの拾い浸けが必要となる。

この1回処理だけではないが、植調剤の利用は、適正樹相の樹での処理が前提である。とくに樹勢が弱い場合は、種の混入や果粒肥大不足、過度な着粒による摘粒労力増大などの問題が生じるので、注意する。

❸ 発芽～開花期の灌水管理

日本では年間を通じて自然の降雨がある。しかし定期的に適量が降るわけではなく、降水量とブドウ樹の吸水量や葉からの蒸散量は必ずしも一致しない。たとえば関東甲信越地方では、発芽前の3月、梅雨入り前の4～5月、梅雨明け後の7～8月は降水量が比較的少なく、水分不足になりやすい。

ブドウの生育ステージとそのときの気象条件に合わせた水分管理が必要になる。少し時期を戻し、発芽～開花期の灌水のポイントを確認しておく。

●樹液流動期

春先、地温の上昇とともにブドウの樹は水揚げを開始し、樹体に水分が満たされると発芽を迎える。この時期の水不足は発芽の不揃いや遅れの原因となり、その後の生育に影響する。乾燥が続くような場合は25～30㎜を目安に灌水を行なう。なお、晴れた日の灌水は地温の上昇にも効果があるので、暖かい日の午前中に行なうようにする。

●発芽期から開花期

発芽期以降で降雨が少ない場合は1週間に1回程度、株元にたっぷり灌水し、新梢の生育を促す。また、開花前に極端に乾燥すると花振るいをおこすので、地面を乾かさないように注意する。

種なし栽培では、ジベレリン処理時に乾燥していると処理効果が低下しやすい。とくにデラウェアではその傾向が強い。具体的には、処理後72時間以内は、相対湿度80％以上を8時間以上保つ必要がある。

処理の前後に乾燥が予想される場合は、夕方に散水程度の灌水を行ない、湿度を確保する。ただ、一度に大量に灌水すると新梢の伸びが盛んになり、花振るいをおこす恐れがある。注意が必要である。

第5章 6〜7月——果粒肥大〜軟化期の作業

実際編

収穫までもうひと頑張り。摘房・摘粒、カサ・袋かけ、防除など最終チェックを怠らず

1 樹相をもう一度見直し、新梢管理

●新梢伸長と棚の明るさ

7月に入ると果粒軟化期（ベレーゾン）から着色始めとなる。この時期から果粒は糖分を蓄積し、成熟していく。

着色や果粒肥大を良好にするには、光合成産物を効率的に果粒に転流させる必要がある。そのためには、この時期、新梢生長がほぼ停止している樹相に導いておくのが理想である。

逆に、この時期になっても新梢が伸び続けているようでは、本来果粒にまわるべき養分が新梢の伸長に費やされ、肥大や着色が劣ってしまうこととなる。翌年に向けた枝の充実も不十分となる。

こうした樹は施肥量やせん定量などを見直す必要がある。

また、この時期は着色期を迎えることから棚の明るさも一定程度確保したい。棚が暗いと着色が劣ったり病害虫の発生を助長する。棚面に2割程度（葉影率8割）の光が入るように管理する。

●具体的な管理ポイント

以上のようなことを踏まえ、次のように管理する。

①果粒軟化期前に伸びの止まらない新梢は先端を摘心し、果房への同化養分の転流を促す。

②徒長的な新梢に強い摘心を行なうと副梢が多く発生する。弱めに行なう。

③棚面を暗くしたり伸び続けている副梢は、葉を2〜3枚残して摘心する。

④必要以上の新梢の整理は、生産性の低下や日焼け果の原因となるので注意する。

⑤果粒軟化期に極端な新梢管理を行なうと、着色障害が発生しやすいので控えめにする。

⑥果房全体に着色がまわった段階で見直しを行ない、棚が暗い場合は1間あたり1〜2本の新梢をかき取る。

❷ 摘房・摘粒と収量調整

●光合成産物の分配の最適化

葉面積に対して着果量が多すぎると、果粒肥大や糖度、着色などに影響を及ぼす。房づくりや摘粒といった手間のかかる果房管理を行なっても、思い切った摘房ができず着果過多で品質を低下させている事例はしばしば見られる。せっかくの努力が報われるよう、着果量には十分気をつけたい。

摘房の項（58ページ）でも述べたが、ブドウの平棚で活用できる葉面積には限度があり、せいぜい単位面積あたりの2～3倍（LAI2～3）である。そして葉面積が限られれば、必然的に果房に分配される炭水化物の量も限られる。巨峰などの大粒種では、昔から1粒1葉といわれている。30粒の巨峰の房を成熟させるには30枚の葉が必要というわけである。食味のよい果房を収穫するには、房数を制限する管理作業が必須となる。

すでに房づくり時に房数はある程度制限している。しかし開花後、結実状態が確認できた段階で最終的な着房数になるようにしたい。摘粒を終えた房を落とすといったことほど、無駄な労力と精神衛生上悪いことはない。

代表的な品種について具体的な摘房の方法について以下に示す。

●品種・栽培別摘房法

①巨峰系4倍体品種・種あり栽培

結実が確認できる頃まで樹勢調節のため最終着房数の3～4倍の房が残っている。これを結実が確認でき次第早めに摘房し、最終的な着房数の2割増しくらいにしておく。ふつうの年では満開から2週間頃には結実が確認できる。

整理するのは、花振るいして有核果の着きが少ない房や有核果が偏っている房（無核果は肥大せず小さい果粒）、密着して摘粒に時間がかかる房を優先して落とす。

これ以降は新梢の勢力に応じて順次摘房を行ない、ベレーゾン期には最終着房数に仕上げる。

②巨峰系4倍体品種・種なし栽培

すでに房づくりの段階で1新梢1房に整理している。これでも最終着房数の2割増しの房が残っているので、房型の良否が分かり次第、第2回目のジベレリン処理までに最終的な摘房を行なう。房型は1回目ジベレリン処理の10日後頃に良否が確認できる。原則として、弱い新梢は空枝とし、中庸から強い新梢には1新梢につき1房を残す。

③シャインマスカット・種なし栽培

巨峰系4倍体品種・種なし栽培と同様、房づくりの段階で1新梢1房に調整しているが、最終的な着房数よりもまだ多い。原則として中庸から強い新梢には1新梢1房とし、弱い新梢は空枝とする。2回目のジベレリン処理までに、花振るいして着粒が少ない房や型が悪い房、着粒が多く摘粒に時間がかかる房を優先して落とす。

④その他の品種

残す房数は果房の大きさによって異なる。残す房数の目安は表5－1に示したが、ざっくりとした目安としては、巨峰のよう

表5-1　品種別新梢本数の目安と最終着房数（長梢せん定樹）

品種	1坪（3.3㎡）あたりの目安		1果房重（g）	10aあたり房数	10aあたり収量（t）
	新梢数（本）	房数			
デラウェア	30	45	120	13500	1.6
サニールージュ	25～30	14～15	350	4500	1.5
巨峰系4倍体品種（種なし）	20～25	9～10	500	3000	1.5
巨峰系4倍体品種（種あり）	25～30	12～13	400	3900	1.5
シャインマスカット	18～20	10	550	3000	1.7
ロザリオビアンコ	20～25	9～10	600	3000	1.8
甲斐路	18～20	12	500	3600	1.8
甲州	25	17	350	5100	1.8

に大きな粒の品種では、1新梢（中庸以上に伸びている新梢）あたり1房、デラウェアやスチューベンのような小さな粒の品種は1新梢2房を残す。1粒の重さが10g程度の品種では、長い新梢には2房、中程度の新梢には1房を残す。なお、30cm以下の短い新梢には房は着けずに空枝とする。残す果房は、房型のよいものを優先し、粗着の房や摘粒作業に時間がかかる過密着果房は落とす。

●摘粒の目安と方法

房づくりで、花穂を短く切り詰めても、たとえば巨峰群品種ではまだ50～60の果粒が着いている。成熟すると1粒が約13g、大きいものでは20g程度にまで肥大するので、そのままでは密着して裂果してしまう。そこで粒を間引く摘粒という作業が必要となる。

摘粒はブドウの管理作業のなかでもっとも手間がかかる。しかし実どまり期以降、果粒は急激に肥大するので、限られた時間の中で摘粒作業は終わらせなければならない。

一般的には、ダイズくらいの大きさになると果粒の良し悪しが判断できるので、果粒の形のよいものを優先的に残す。また極端に小さい果粒や内側に向いている果粒、キズやサビ果、裂果している粒などは落とす。見た目が美しい果房に仕上げるには、房の長さやバランスが重要になる。

摘粒時に果粒を多めに残してしまうと、肥大が劣ったり、裂果したりする。将来の果粒肥大を想定して、果粒どうしのスペースを十分確保した思い切りのよい摘粒をす

写真5-1　ピオーネの摘粒前と後

ることが房を美しく仕上げるポイントになる。

以下に代表的な品種について、山梨県で行なわれている摘粒方法を示す。

＊ブドウの摘粒は出荷先が求める房型によっても異なり、必ずしも一様でない。以下はあくまで一応の目安である。

①巨峰群品種・種なし栽培

実どまり確認後、なるべく早い時期に行なう。しかし、大規模な経営では、どうしても摘粒のタイミングが遅れがちになる。最近ではジベレリンを利用した摘粒作業の軽減技術も開発されたが（68ページ）、それでも摘粒には多くの労力がかかっている。具体的には、予備摘粒、仕上げ摘粒、見直し摘粒の順で行なわれる。

予備摘粒…第1回目のジベレリン処理が済み次第、果粒肥大が進んだ果房から予備摘粒を行なう。おおむね処理4日後には予備摘粒ができるようになる。予備摘粒と同時に、まず、房が伸び過ぎた果房は、着粒状況を見ながら上部支梗を切り下げるか房尻を切り上げ、軸長を揃える。目標果房重を500gとした場合、軸長を5～6cmに調整する。

予備摘粒は、内向き果やショットベリーを取り除く程度であるが、この時期であればハサミを使わずに果粒を軽く捻ることで摘粒できる。

仕上げ摘粒…第2回目のジベレリン処理の前後に行なう。ジベレリン処理後は急激に果粒が肥大してくるので、作業が遅れると効率が悪くなる。

房型は密着した円筒形を目標とする。果梗が太く大きい果粒を中心に、外向き果を残す。最上部の支梗には上向き果粒を2～3粒配置し、穂軸を包み込むようにしてボリューム感をもたせる（図5-1下）。摘粒の際の果梗の切り残しは、ときに収穫期の裂果の原因となるので、果梗は付け根から切るようにする。

見直し摘粒…仕上げ摘粒がうまくなされていれば見直し摘粒の必要はない。しかし、カサかけや袋かけの前に、果粒肥大が進み、果粒どうしがぎっちり詰まっているような

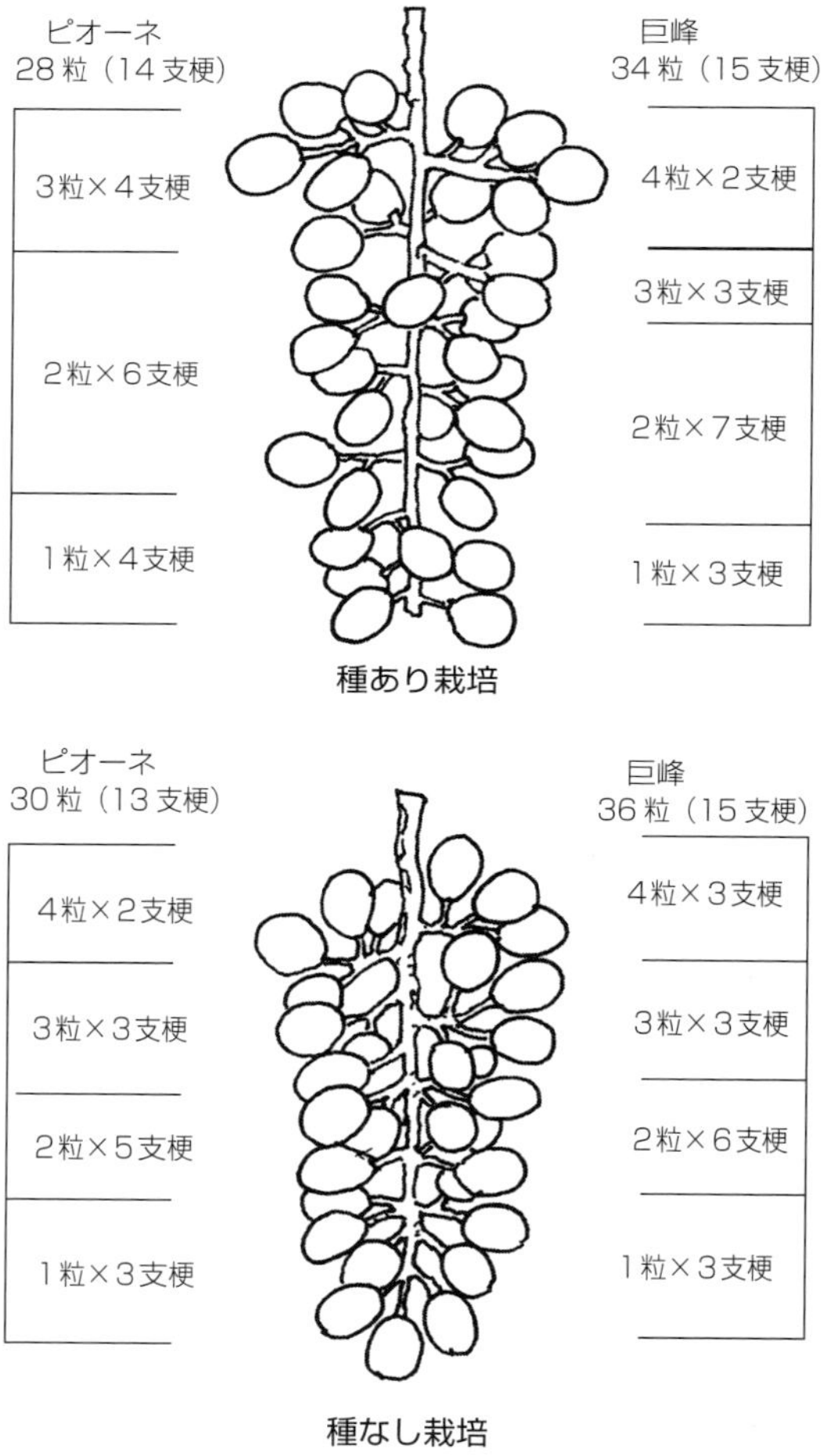

図5-1　巨峰、ピオーネの摘粒の目安

房では、圧迫による裂果を防ぐ見直し摘粒が必要となる。すでに果粒が十分に肥大しているので、ハサミによるキズやブルームを落とさないようとくに注意する。

②巨峰群品種・種あり栽培

種なし栽培と同様、種なし果、種あり果が確認でき次第、なるべく早い時期に行なう。早めに行なうことで、果粒肥大を促すとともにそれまで抑えぎみにしていた新梢の伸長を促す。摘粒の目安を図5-1上に示した。穂軸が長い場合は上部の支梗を切り下げるか、房尻を切り上げ、軸長10cm程度として30~35粒をバランスよく残す。

この栽培では、花穂の最下部を使わず切除して軸長7cm程度に房づくりを行なっているので、上部の支梗が伸びている場合がある。長く伸びているようなら、はみ出している果粒を切除し円筒状に仕上げる。

③シャインマスカット・種なし栽培

予備摘粒…第1回目のジベレリン処理後4~5日後には、4cmで房づくりした花穂も倍以上の長さになっている。果粒どうしの養分競合を防ぐため、この時期に一度、5~6cmに花穂の長さを揃えておく。以降も花穂は伸びるので仕上げ摘粒時には7cm程度になり、収穫時には500~600gの果房に仕上がる。

軸長を揃えるときは、上部支梗の切り下げを基本とする。仕上げ摘粒時に支梗を切り下げると、果粒が上を向きにくく、上部穂軸を包み込まなくなるので予備摘粒時に切り下げておく。ただし、房尻が間延びしていたり、振るって粗着になっている場合は切り上げて調整する。

穂軸を揃えると同時に内向き果などを除去しておくと、後の仕上げ摘粒がラクになるが、忙しい場合は軸長の調整だけでも行なっておきたい。

仕上げ摘粒…第2回目ジベレリン処理前後に行なう。予備摘粒時に軸長を5~6cmに揃えた場合、この時期には7~8cmになっている。さらに房が伸びてしまった場合には再度軸長を7~8cmに調整する。調整は上部支梗を切り下げるか房尻を切り上げるが、上部の支梗は左右揃うようにする。

果粒数は35~38粒とし、内向きや下向き

写真5-2　シャインマスカットの摘粒前と後

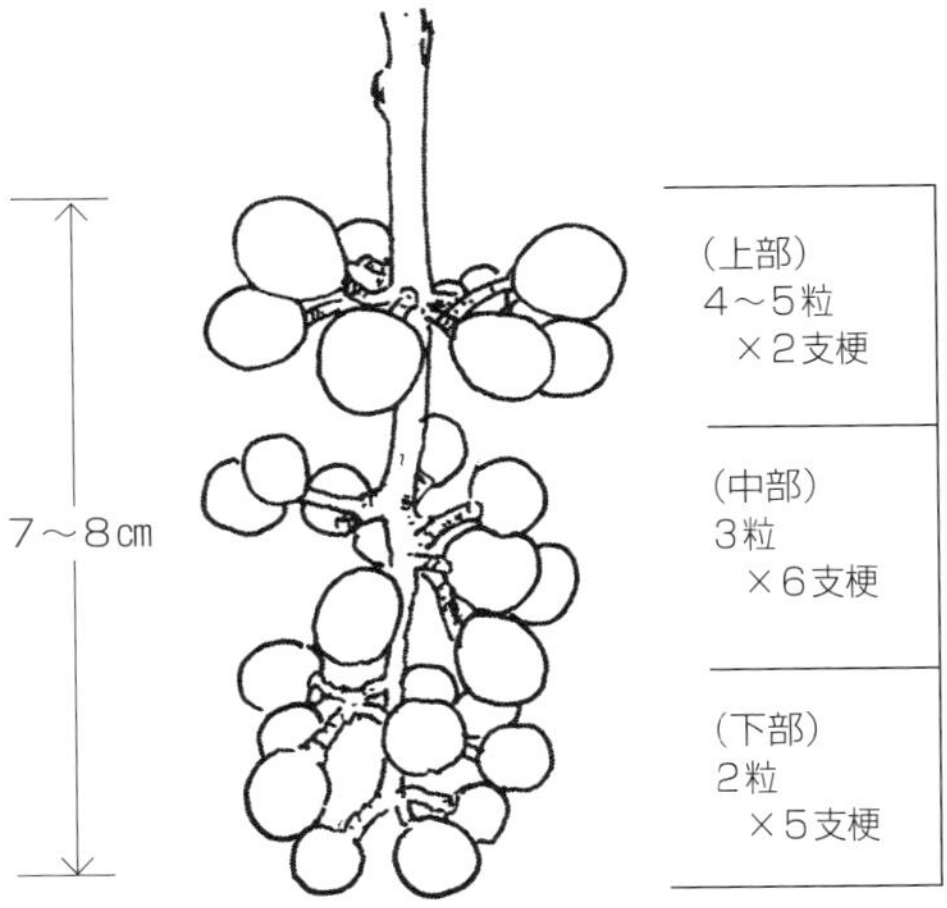

図5-2　シャインマスカット摘粒の目安

の果粒を切除し、小果梗が太くしっかりとした果粒を残す（図5－2、写真5－2）。

シャインマスカットは大房になると果房内での糖度のバラツキが大きくなり、また、糖度そのものも上昇しにくくなる。食味を重視した房をつくるためには、軸長と粒数は順守する（写真5－3）。

結実3年目までの若木では果粒肥大が劣る傾向があるので、密着した果房になるように果粒数はやや多めに残す。

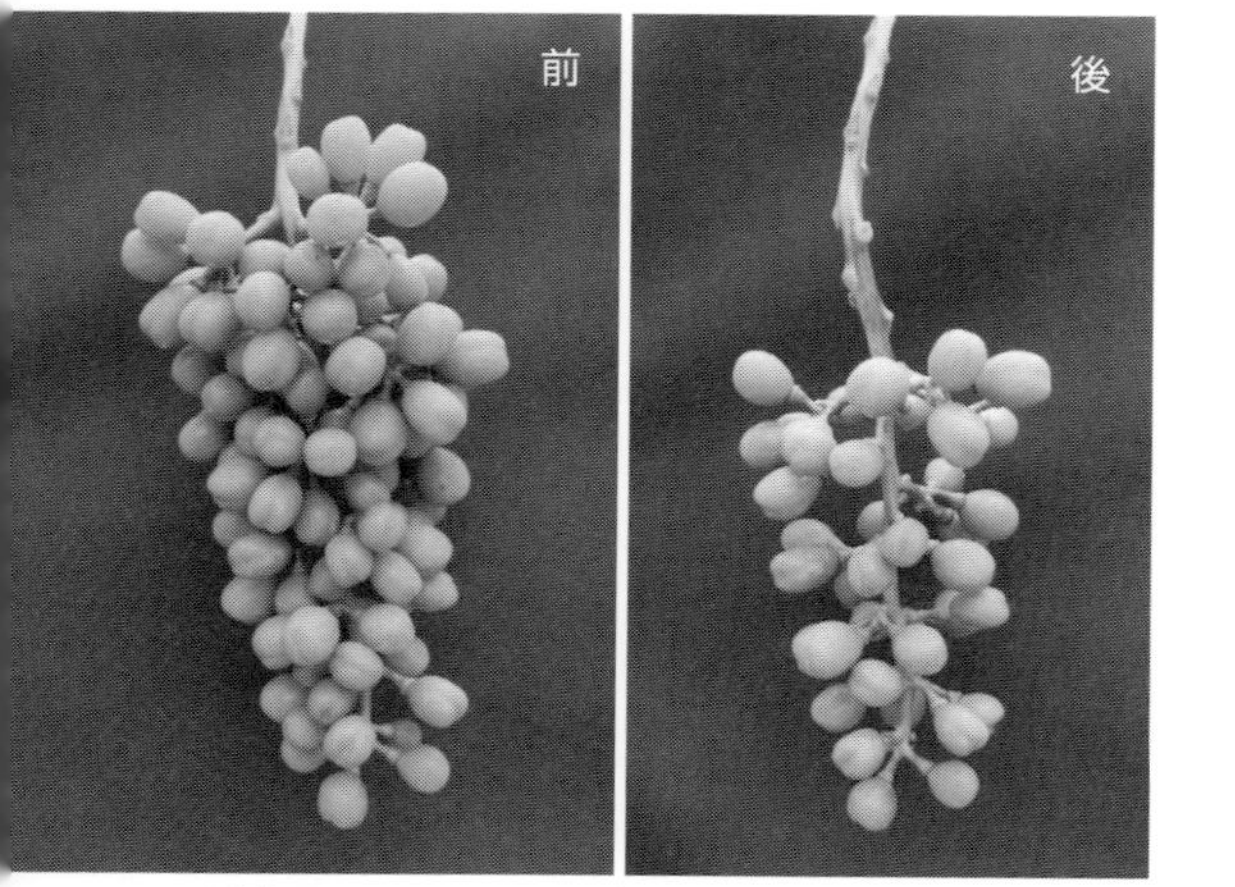

写真5－3　シャイン大房の摘粒前と後
大房であろうと、基準の軸長と粒数は守る

④デラウェア・種なし栽培

房が伸びて大房になった場合は、2回目のジベレリン処理の前までに上部支梗を切り下げ、房長10～11㎝に調整する。一般に露地栽培のデラウェアは摘粒を行なわない。しかし、過度に密着した場合は裂果防止のため、2回目のジベレリン処理後なるべく早い時期に、果房の縦方向に筋状に果粒を抜く。

●カサ・袋かけと品質確保

摘粒が終了したらすぐにカサまたは袋かけを行なう。ブドウの病気のほとんどは雨滴で感染する。雨の多いわが国では、果粒を雨から守るカサや袋かけはどうしても必要となる。また、薬剤散布による果実の汚染防止、強い日差しによる日焼けの予防など、高品質な果実を生産するための必須作業である。

品種や果房の大きさによって袋やカサのサイズや素材が異なるので、品種に合ったものを選ぶ。

①カサの種類とかけ方

カサの材質はロウ引き紙、ポリエチレン、ポリエチレン＋ポリプロピレンなどがある。大きさはデラウェアなどの小房に使用する15・5㎝四方、16・5㎝四方、大房用に21㎝四方や30㎝四方などがある（写真5－4）。これらのほか、日焼け防止のクラフト紙製のカサや果房の温度上昇を抑えるとされる不織布製のカサなどがあり、目的に応じて使い分けられている。

写真5－4　カサをかけたデラウェア

かけ方は、果房の肩にカサが触れないように注意し、2カ所をホッチキスで留める。カサかけはできるだけ早い時期に行なったほうが病害感染のリスクが少なくなる。作業性の面からは摘粒後にかけるのが効率的だが、摘粒作業が遅れるような場合は、先にカサをかけ降雨から守るようにする。

巨峰や藤稔のような散光着色性品種は、直接果房に光があたらなくても着色する品種（直接果房に光があたらなくても着色する品種）や黄緑色系品種には乳白色のカサが一般的だが、黄緑色品種では果皮の黄化を抑えるため黄緑色のカサも使用されている。

一方、直接果房に光があたらなければ着色しにくい赤系品種では、透過性の高い透明のカサが使用されている。透明カサは早い時期からは使用せず、ベレーゾン以降の着色が始まった時期（除袋後）からの使用となる。この場合、果房に直射日光があたり、日焼けや高温による着色遅延が心配されるような場所では、カサの上にもう1枚クラフト紙や不織布製のカサをかけて直射を防ぐようにする。

②袋の種類とかけ方

摘粒終了後から収穫まで、中生種や晩生種では2カ月以上の期間がある。この間にはべと病やスリップス類などの防除のため、複数回の薬剤散布を行なう。このため薬剤による汚染防止の袋かけが必要になる。ただ、摘粒終了から収穫までが短いデラなどの早生種や、果房が比較的短い品種（サニールージュやナイアガラなど）では収穫までカサで管理する場合が多い。

袋の素材は耐湿性のある紙がほとんどである。小さな孔があけられたポリエチレン製の透明袋も試作・販売されているが、袋内が高温になりすぎ、着色障害や日焼けがおきやすく実用性はない。

紙製の袋には、白や緑、青、茶など遮光率が異なる色のものもあり、市販されているる。このうち白色袋が広く普及しているが（写真5-5）、シャインマスカットなど黄緑色の品種では果皮色の黄化を抑制するため、緑や青の袋が使用されている。

素材（紙）は薄いほうがかけやすい。大面積の場合は薄い袋のほうが作業は効率的になる。袋の大きさも小房用の小さいものから大房用の特大サイズまで多くの種類があり、品種に適合したものを選ぶ。

袋は、摘粒が済んだ果房の果梗にしっかりと巻き付ける（写真5-6）。このとき、果粒のこすれ防止のため果房の肩の部分に袋が触れないようにし、また雨水やスリップス類の侵入を防ぐため、ロート状にならないようにしっかりと巻き付ける。

写真5-5　白色袋が広く普及している

写真5-6　袋の口はしっかり留める

写真5-7
日焼け止めに袋の上からカサをかけるのも効果的

袋かけ後、袋に直接陽光があたるような場所では、中の温度は非常に高くなり、果粒が萎びたり日焼けをおこしたりする。その場合、新梢を袋の上に誘引し直して日陰をつくったり、前述のように袋の上にクラフト紙や不織布製のカサをかけたりして（写真5-7）、日射しを遮るようにする。

黄緑色や黒紫色の品種は収穫まで袋をかけたままでよいが、赤色品種の多くは、光が果房にあたらないと着色しないので、収穫約2週間前には袋を取り去り、乳白か透明のカサにかけ替える。

❸ この時期の灌水と病害虫対策

●カラ梅雨に注意、ベレーゾン以降は「やや乾燥」で

開花後約1カ月間は、果粒肥大第一期にあたる。細胞分裂が盛んで日に日に果粒が肥大し、もっとも水を必要とする。

この時期は多くの地域で梅雨を迎え、土壌が乾燥することは少ないが、カラ梅雨で降雨が少ないと蒸散量が増えるため水分が不足することもある。結実確認後、土壌が乾燥している場合は、5日に1回程度、20～30㎜の灌水を行なう。

また、梅雨明け後は気温が上昇し、土壌表面や葉からの蒸散が盛んになり乾燥しやすくなる。乾燥状態が続き、根からの給水が間に合わなくなると、果粒から水分が奪われ萎びたり、葉の縁が焼けたりする。

一方、曇雨天で湿度の高い状態が続いた場合に、一気に大量に灌水すると、裂果を引き起こすことがある。このため、土壌を過度に乾かさないよう、こまめな灌水を心がける。なお、ベレーゾン以降に灌水を行なっても果粒肥大の効果は少なく、むしろ新梢の遅伸びを助長するなどのデメリットがある。極端な乾燥にならない程度の「やや乾燥ぎみ」に管理するとよい。

●べと病やうどんこ病、スリップスなどに注意

6月に入ると、べと病やうどんこ病、黒とう病などの発生が多くなり、晩腐病の感染も継続する。害虫ではスリップス類とカイガラムシ類の発生時期となる。

初期防除のタイミングを逃すと、その後の防除が困難となるので、予防散布に心がける。また、病害の多くは雨滴によって伝染するので、カサかけや袋かけはできるだけ早めに行なうようにする。袋かけ直前にはスリップスやうどんこ病の防除薬剤を散布し、袋を留める際には雨滴やスリップスが侵入しないようしっかりと留める。

梅雨明け後はスリップス類の密度は急激に高まるので、防除薬剤は棚上の新梢にもかかるようにしっかりと散布する。

実際編

第6章

8月——収穫期の作業

喜びの収穫。でも あせりは禁物。
着色管理、除袋・カサかけ、台風対策を万全に

1 この時期のポイントは着色管理

●最近増えている着色不良

近年、ピオーネや甲斐路などの着色不良が目立っている（写真6-1）。地球温暖化が要因の一つといわれているが、どうも腑に落ちない事例も現場にはある。同じ地域のなかでも着色不良が目立つ園もあれば、毎年着色が優れたブドウを生産している園もある。

ブドウの着色不良の要因は以下に示すとおりだが、ベレーゾン以降の高温（低い温度に遭遇しないこと）が要因の一つになっている。温暖化の影響かどうかはわからないが、最高気温が35℃を超える日も多くなっている。一方で、都市化の影響を受けにくい園地では、夜温（最低気温）はそれほど上昇していない。

近年の着色不良の要因をすべて温暖化のせいにしてよいのか、どうか。なぜ、近年着色不良が多く見られるのか。あらためて検証してみる必要がある。

●着色不良の要因

ブドウの着色不良は温度だけではなく、複数の要因が絡まり合って発生している。すなわち、

①遺伝的要因　果皮色の濃さはアントシアニンを果皮に蓄積する量（アントシアニンを合成する能力）が大きく関係する。

②環境要因　ベレーゾン以降の高温条件、極端な過湿状態、日照不足などの環境条件

写真6-1　赤く熟れた巨峰

は大きく影響を及ぼす。

③樹体要因　ベレーゾン以降も新梢の伸長が続くような強樹勢や極端な弱樹勢も影響する。

④栽培的要因　着果過多、新梢の過繁茂、ジベレリン処理時期の遅れ、強せん定は着色不良を助長する。

●色を来させる栽培管理

気象条件を人為的に変えることは難しいが、管理によって着色に優れた生産をすることは可能である。

①適正な着果量を遵守

葉面積に比べて着果量が多いと糖の蓄積が少なくなり、着色不良を招くことになる。葉面積に応じた適正な着果量を遵守する。とくに果粒肥大が優れた年は着果過多になりやすいので、着色始め期には着果量を見直し、多い場合は早めに摘房する。品種や地域により目標とする収量は異なるが、一般に赤系品種は黒系品種よりも着果量は少なくする。また、目標収量はあくまで適正な樹相の成園を前提としているので、弱樹勢や若木などでは加減する。

②樹勢を適正に保つ

近年は種なし栽培が主流となっており、やや強めの樹勢で管理されている。しかし、ベレーゾン以降も新梢や副梢が伸び続ける樹勢だと、果房への光合成産物の分配が少なくなる。着色期には新梢が停止しているような樹勢に導く管理が重要である。長梢せん定栽培では、種なし栽培だからといって強過ぎるせん定は控え、中庸な樹相に導く。短梢せん定栽培では、施肥の調節とこまめな摘心が必須である。

③ジベレリンの適期処理

最近、第1回目のジベ処理時期を極端に遅らせている園が多い。早めの処理では着粒過多となり摘粒労力がかかるため、やむを得ない事情もあるが、処理時期を極端に遅らせると、果粒は肥大するが着色不良となる傾向がある。とくに、フルメット液剤を加用した場合は顕著である。基本に戻り、すべての花穂が咲ききった適期に処理を行なうことが肝要である。

④ジベレリン1回処理も有効

4章69ページで紹介したジベレリン1回処理も着色不良の対策としては有効である。ピオーネやゴルビーなどの品種で着色向上を確認している（写真6－2）。慣行2回処理と比較すると、若干果粒肥大が劣る品種（巨峰、ゴルビーなど）があるが、着色と果粉ののりは優れ、美しい外観に仕

写真6-2　ジベレリン1回処理も着色向上に効果がある
左；ゴルビー、右；クイーンニーナ

上がる。毎年、着色不良に悩む園ではこの技術の導入を検討する。

この1回処理の場合でも処理時期は満開3～5日後が目安である。この時期より遅れると着色不良となるので注意する。

⑤環状剥皮

主幹の皮層（篩管部）をぐるっと一周剥ぐ環状剥皮も、着色促進の効果が報告されている。これは、葉の同化産物を地下部へ転流するのを遮断し、果実への分配を促すためであり、着色促進のほか、果粒肥大促進、成熟促進などの効果もある。

処理時期は満開後30～35日がもっとも効果的で、主幹の師部組織を幅5㎜で環状に剥ぎ取る。師部組織が少しでも残っていると効果は低下する。処理には専用のナイフが便利だが、切り出しナイフやカッターでもできる。コウモリガやクビアカスカシバの食害を防ぐため、剥皮部はビニールテープなどで保護する。

処理時期や方法によって効果が振れたり、樹の衰弱を招いたりする危険もあるので、適期に的確な方法で処理する。

2 除袋とカサかけ

前述のとおり、黄緑色や黒紫色の品種は収穫まで袋をかけたままでよいが、赤色品種の多くは光が果房にあたらないと着色しない。このため、房全体に着色がまわる頃（収穫約2週間前が目安）には袋を取り去り、カサにかけ替える。除袋の時期が遅れると袋の中が高温となり、着色が進みにくくなるので遅れないように注意する。

また除袋の際は、ブルームをこすり落とさないように丁寧に行ない、除袋後はただちにカサをかける。

カサは、着色する品種では乳白カサや透明カサがよく使われているが、着色を優先するには黒系品種では乳白カサか不織布のカサ、赤色品種では透明カサを使用するとよい。

なお、高冷地や高標高地など袋をかけたままでも着色する地域は、病気やヤガ、ハチなどの被害を避けるため、袋をかけたまま収穫する。

3 収穫・出荷の注意点

●収穫適期の見きわめ方

ブドウの果粒はベレーゾン以降、糖分を溜め込み成熟していく。そして糖度の上昇に伴って着色が進み、品種固有の芳香を放つようになる。ブドウは収穫後に追熟しないので、収穫時点の品質が向上することはない。したがって、十分に美味しくなってから収穫するように心がける。

その収穫時期は、糖度と酸含量を目安に判断する。簡易な糖度計が市販されているので、1台購入しておくと重宝する（写真6-3）。

①糖度17～18度が目安

品種により高低はあるが、糖度がおおむね17度から18度くらいに達したら収穫でき

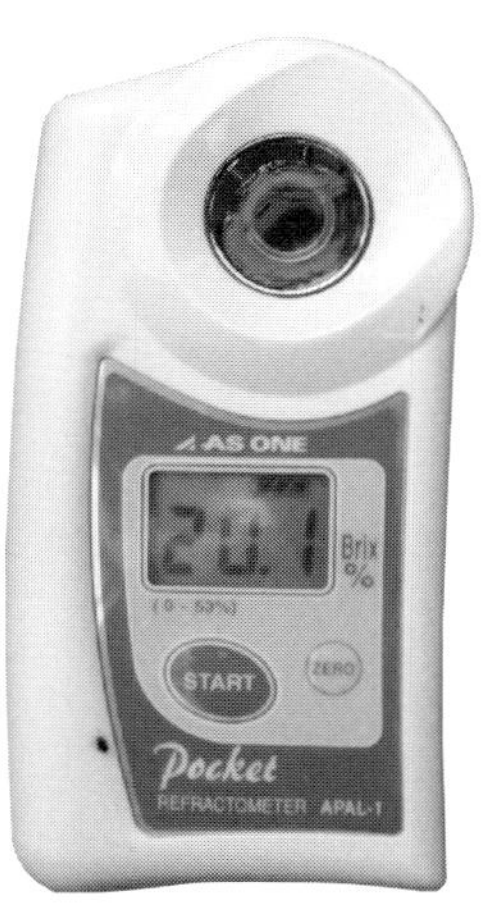

写真6-3　糖度計

る。ただし、年によっては、糖度は十分にあっても酸含量が低下しない場合もある。酸は、気温が高いほど減少するので、夜温が比較的低い早期加温栽培などの作型や、普通栽培でも冷夏の年は、着色が進んでも酸が減少せず、酸味が強くなりやすい。食味が十分と判断してから収穫するようにする。また、巨峰群品種は種なし栽培にすると着色が先行しがちになる。収穫前には糖度を必ずチェックし、食味重視の出荷を心がける。

そして収穫にあたってはやはり1粒食べてみて、美味しかったら収穫するようにする。このとき、ブドウの房尻の部位（下部）から1粒採取して味見すると間違いない。ブドウの房は肩（上部）のほうが下部よりも甘くなるのが早い。房尻の部分を食べて美味しければ、房全体が美味しくなっている。

②酸とのバランスも大事

なお、ブドウの果粒には酒石酸やリンゴ酸などの有機酸が含まれている。糖度が高くても酸含量が多いと酸っぱく感じる。一方、酸含量が低すぎても、コクがなく薄っぺらな食味となってしまう。ブドウの食味には糖度と酸含量のバランスが大事となる。

各産地の試験場などで、果実品質の評価のため酸含量を測定している。ブドウの果汁を搾り、中和滴定法により酒石酸に換算して算出する。表6-1に代表的な品種の収穫始めとなる糖度、酸含量、甘味比（糖度を酸含量で除した値）の目安を示したが、甘味比が巨峰やピオーネ、デラウェアでは25、甲斐路やシャインマスカットなど欧州系品種では30を超える時期が収穫期となる。

なお、ブドウは、香りや食感も食味の重要な要素となる。マスカット香やラブラスカ香が代表的だが、しっかりと健全に育てたブドウは品種固有の芳香を放ち、果肉の締まりもよい。食味のよいブドウを生産するには、土づくりをはじめとした上手な肥培管理が重要となる。

表6-1　おもな品種の収穫始めとなる目安

品種	糖度（Brix）	酸含量（g/100mℓ）	甘味比
デラウェア	19.0以上	0.80以下	25以上
巨峰	17.5以上	0.80以下	25以上
ピオーネ	17.5以上	0.75以下	25以上
赤嶺・甲斐路	19.5以上	0.70以下	30以上
甲州	18.0以上	0.65以下	25以上

注：山梨県果樹試験場（1992年）より。
デラウェアでいえば、糖度が19.0以上で、酸含量が0.8以下、そして甘味比が25以上になった時点で収穫する

●収穫作業と出荷調整

収穫作業は朝の果房温度が低い時間帯に行なう。日中の高温時の収穫は日持ち性を悪くするので避ける。また、雨の日や果房が濡れているときの収穫も、裂果や、輸送中あるいは貯蔵中の病害の発生を助長させるので避ける。

果粒表面のブルームは厚くのっているほどよいとされる。収穫や選果にあたってブルームはできるだけ落とさないように、果

表6-2　巨峰「種なし」（ハウス・露地）の出荷規格

●等級（品質）区分

項目＼等級	秀	優	良
食味（熟度）	もっとも秀でたもの（糖度計示度17度以上でpH3.2以上のもの）	優れたもの（糖度計示度17度以上でpH3.2以上のもの）	良いもの（糖度計示度16度以上でpH3.0以上のもの）
着色	品種固有の色沢を有し、果梗周辺まで完全に紫黒色に着色しているもの	品種固有の色沢を有し、各粒の2/3以上が紫黒色に着色しているもの	秀、優に満たないもので商品性のあるもの
形状（房形）	よくまとまった形状を備えているもの（隙間のないもの）	まとまった形状を備えているもの（隙間の少ないもの）	秀、優に満たないもので商品性のあるもの
玉張り 粒揃い	品種固有の玉張り、粒揃いがもっとも秀でたもの（一粒重の目安は、13g以上）	品種固有の玉張り、粒揃いが優れたもの（一粒重の目安は、11g以上）	秀、優に満たないもので商品性のあるもの
裂果	ないもの	ないもの	ないもの
サビ果 スレ	ないもの	あまり目立たないもの （1粒中に5㎜以内のものが1房の20%以内）	優に次ぐもの（1粒中に10㎜以内のものが1房の30%以内）
果粉	よくのっているもの	やや劣るもの	劣るもの
汚れ	ないもの	ないもの	ないもの
腐敗性病害（晩腐病等）	ないもの	ないもの	ないもの
スリップス	ないもの	ないもの	軽微で商品性のあるもの
その他の病害虫	ないもの	ないもの	軽微で商品性のあるもの

●等級（重量）　区分（単位・g）

区分	3L	2L	L
1房重量	550以上～650未満	450以上～550未満	350以上～450未満

山梨県青果物標準出荷規格（2016）

写真6-4　出荷姿
左：ピオーネ、右：シャインマスカット

房に直接手を触れず、穂軸をしっかりもって扱う。なお、収穫時には平コンテナを用い、果房を積み重ねないように気を付ける。

収穫した果房は病害果や裂果、小粒果などがないか確認し、あれば摘粒ハサミなどで他の果粒を傷付けないように丁寧に取り除く。そして出荷規格に基づいて選別、箱詰めする。このときもなるべく果房には直接手を触れないようにする。

●規格と出荷基準

流通や消費の多様化にともない出荷の規格や容器なども多岐にわたる。また、産地では品種ごとの収穫時期や選果上の注意点、箱詰め法、等級や階級などがきびしく定められている。出荷容器についても、パック詰め、1kg化粧箱、2kg箱、4kg箱、5kg段ボールなどがある。品質について定めた等級には秀、優、良があり、秀が房形や粒揃い、熟度、着色などもっとも秀でている。重量について定めた階級は品種により異なる（写真6－4）。

表6-2に、山梨県の「種なし巨峰」の出荷規格を示した。このように各産地では出荷基準が作成されている。消費者に美味しいブドウを届けるために、また産地の信用を低下させないためにも出荷基準は遵守する。

4 台風対策

ブドウに限らず農作物は気象に大きく影響を受ける。露地で栽培している以上、気象災害を完全に防ぐことはできない。しかし、気象情報に注意して事前対策を講じたり、事後対策を徹底したりすることで被害を軽減することは可能である。

棚仕立てのブドウは立木に比べ強風に強いが、その棚が倒壊するとなると、被害は甚大である。台風の接近で強風が予想される場合は、棚やつか杭などを点検し、補修・補強を行なう。また、収穫前の園では強風による果房の落下や葉ズレなどを防ぐため、棚の周りに防風ネットを設置する。雨よけ施設では、とくに風が強い場合はビニールを巻き上げ、倒壊を防ぐ。収穫期を迎えている園では地域の指導機関の指示に従うが、経済的な打撃を少しでも少なくするため収穫を急ぐ。ただし、商品性や信頼の低下が懸念されるので、未熟な果房は収穫しないようにする。

台風が通過後、園が滞水している場合は、速やかに排水する。結果母枝や新梢が棚から外れている場合は再誘引し、カサのかけ直しも行なう。果房をチェックして葉ズレや裂果、打撲のひどい果粒があれば摘粒する。

実際編

第7章

9月――収穫後の作業

今年もお疲れ様。樹に感謝しつつ来年に向けてのスタートです

写真7-1　早期落葉した園
土壌の乾燥が原因と考えられる

1 次年の生育を準備する収穫後

●収穫後の葉で翌年のスタートが決まる

収穫後から落葉期までは、樹勢の回復や樹体内への貯蔵養分蓄積のために重要な時期である。収穫後の2～3カ月の間に葉で生産された養分は、枝や幹、根などにデンプンや糖のかたちで蓄えられ、翌シーズンの生育のエネルギーとなる。この時期の新梢の遅伸びや早期落葉は、枝の登熟不良、耐凍性の低下などの原因となり、翌春の発芽不良、不揃いなど初期生育に大きく影響する。

自然落葉期までは、葉を健全に保つよう心がけ、貯蔵養分を高めるようしっかりと管理する。

●枝の遅伸び、早期落葉防止のためにやっておくこと

①葉の摘心、施肥・せん定の見直しも

収穫後に新梢が伸び続けるような場合、伸びている新梢の先端を摘心し、伸長を抑える。また、遅伸びの原因としてチッソ過多や肥料の遅効き、花振るいによる着果量の不足、強せん定などが考えられる。施肥やせん定法に問題がなかったか改めて検討し、改善するようにする。

②早期落葉防止対策

通常、健全な樹では気温の低下とともに葉は黄変し、一斉に落葉する。それまで葉を健全に保つことは養分蓄積のため大変重要である。早期落葉の要因と対策には、次

のようなことが考えられる。

一つは、土壌の乾燥による樹体の水分不足または大雨後の排水不良による過湿である（写真7－1）。乾燥している場合は収穫後に30㎜程度の灌水を行ない、その後も乾燥するようなら定期的（10日間隔で15㎜程度）に灌水する。また、排水不良で過湿状態になっている園は、排水溝の整備など耐水対策を行なっておく。

また、苦土などの養分欠乏（94ページ参照）による落葉もある。欠乏症が認められたらそれに応じた水溶性マグネシウムや尿素などの葉面散布を行なう。

さらに、枝葉の過繁茂や日照不足による低照度や、べと病やさび病などによる被害もある。前者に対しては、棚面の暗い部分の摘心や徒長枝のせん除を行ない、後者にはボルドー液などの薬剤散布を定期的に行なうとともに、収穫後もしっかりと散布する。

●礼肥のねらいと実際

礼肥は、着果負担で疲れている樹体（葉）を回復させ、貯蔵養分を十分に蓄積させることがねらいである。ブドウの根の伸長時期は、6～7月の前期根群発達期と秋季の後期根群発達期の二つのピークがある。後期は一般に秋根といわれ、活発な養分吸収により貯蔵養分を蓄積する。礼肥の施用時期は、この秋根の活動時期に合わせて行なう。

施用してから効果が現われるまでに2週間程度はかかるので、収穫後から9月中旬までのなるべく早い時期に、即効性肥料をチッソ成分で10aあたり2kg程度施す。施用後に降雨が少ない場合は灌水を行なって肥料の吸収を高めるようにする。

なお、収穫後になっても新梢などが旺盛に伸びている樹では遅伸びを助長し、かえって貯蔵養分の浪費につながるので礼肥は施用しない。また、収穫後から基肥の施肥（10月下旬～11月）まで期間が短い晩生の欧州系品種（甲斐路、ロザリオビアンコなど）なども基本的には礼肥は施用しない。

ブドウの鮮度保持

ブドウの果粒には気孔がないため、呼吸や蒸散作用は果梗や穂軸で行なわれている。収穫したてのブドウは穂軸がみずみずしい緑色をしているが、時間が経つと水分が蒸散するため穂軸は褐色に変化し、やがて果粒も萎びてくる。

貯蔵中に品質を低下させる要因は上記の穂軸の褐変、脱粒、貯蔵病害や裂果の発生などである。これらの変化を抑えるためには、果粒が凍結しない範囲でできるだけ低温で、湿度が高い状態に保つ必要がある。具体的には温度0度、湿度95％で貯蔵しておくことがもっとも望ましい。こうすることで1～2カ月程度は十分に品質を保持できる。湿度を保つことが難しい場合には、房ごとあるいはコンテナごとポリ袋などで密封して水分の蒸散を抑えるようにする。また、個人で楽しむ場合には、穂軸から果粒だけを切り取り、果粒の状態で冷蔵あるいは冷凍にすることで、より長く楽しむことができる。

房ごとポリ袋などで密封して水分の蒸散を抑えればブドウの鮮度保持は比較的容易（写真はシャインマスカット）

写真7-2　ブドウトラカミキリ
成虫は8～9月に多く発生し節の近くに産卵。孵化した幼虫が表皮下に入り食害する

写真7-3　クビアカスカシバの被害樹

2 その他の管理

❶縮伐・間伐の実施

一般に、間伐や縮伐は冬季せん定の時期に行なうことが多い。しかし、収穫終了後の葉が付いている時期に行なうことで、残した樹の枝葉によく日があたって登熟がよくなり、また病害虫の密度が低下するなど、翌年の生育にプラスとなることが多い。

密植園では、収穫後のなるべく早い時期に、着色や果粒肥大が悪い樹や樹勢が低下している樹などを優先的に間伐、縮伐し、将来残す樹や枝葉に十分光をあてるようにしたい。

❷ブドウトラカミキリ対策

こわいのはブドウトラカミキリ（写真7-2）で、この時期はその産卵期にあたる。成虫は8~9月に多く発生し、節の近くに産卵する。孵化した幼虫は表皮下に入り食害を始める。越冬した幼虫は4月頃から活発に食害し、枝の中で蛹化し、羽化する。

結果母枝に幼虫が入っている場合は、5～6月の新梢の生育初期に加害部より先の新梢が急に萎れて枯死する。とくに若木での被害は将来の樹形形成に影響する。

防除は、成虫発生期または休眠期にスミチオン水和剤40、トラサイドA乳剤などの登録農薬を、薬液が枝にもしっかりとかかるよう丁寧に散布する。また、休眠期の防除では浸透性展着剤を加え、古ヅルや結果母枝によくかかるように散布する。被害が発生した園ではせん定枝を放置せず、園外にもち出す。

❸病害虫の密度を下げる耕種的防除

この時期はまた、耕種的な防除に務め、病害虫の発生を未然に防ぐようにすることも大事である。3章40ページで述べた粗皮削りや巻きひげ、果梗の処理、落ち葉やせん定枝の処分、幹周りの除草などを心がける。せん定して切り落とした枝の中にもさまざまな病気や先述したブドウトラカミキリ、幹周辺の雑草にはクビアカスカシバ（写真7-3）などの害虫が寄生している可能性がある。

実際編

第8章 10～11月――土づくりと施肥管理のポイント

見えない地下部の声も聞こう

1 ブドウに適した土壌とは

ブドウは他の果樹に比べ土壌適応性は広いが、施肥にあたっては、樹勢はもちろん、自園の土壌の種類や特徴もふまえ判断する必要がある。

●土壌の種類と留意点

①砂質土壌

河川より運ばれた土砂などを元につくられた土壌で、河川周辺部に多く分布している。土壌の粒子は粗く粘土含有量は少ないため、透水性や通気性は高く、土壌物理性は良好である。一方、土壌に養分を保っておく力が弱く、流亡しやすい。また、過湿過乾の影響を受けやすく、地下水位の高い園では滞水による根傷みもおこりやすくなる。

このため、すべての肥料分を基肥として施用するのではなく、何回かに分けて施用するとよい。また、徐々に効果が現われる被覆尿素などの緩効性肥料も検討してよい。

砂質土壌の樹勢はやや弱めに、果粒は小さめで早熟になる傾向があるので、地力向上と根張りを良好にするため、有機物施用を中心とした土づくりを励行する。

②粘土質土壌

粘土含量が多く、保肥力が高いため肥沃な土壌である。物理性は、固相率が高く孔隙が少ないため透水性や保水性が小さいのが特徴である。下層が緻密で有効土層が浅い傾向にあり、湿害や干害を受けやすくなる。

糖度が高い果実が生産できるが、土壌が硬くなると根の伸長が少なくなり、裂果や縮果症の発生が多くなる傾向がある。計画的な深耕を行なって有効土層を深くし、併せて、有機物資材を施用して物理性の改善を行なう。

③火山灰土壌

火山灰の堆積によりつくられた土壌で、土壌粒子が細かく、腐植を多く含むため、褐色から黒色をしている。気相と液相の割合が多く、通気性や排水性は良好である。

土は軟らかく、土層が厚いため、根は十分に伸長する。腐植を多く含んでいるので、養分の保持能力は高いといえるが、リン酸の吸着力が高く、植物に吸収されにくくなる。また、土壌チッソ分が多く、夏にチッソが放出されやすくなるので新梢は徒長ぎみになり、糖度は低下しやすい。

火山灰土壌では、適度な樹勢を維持するため、チッソの施用量は加減する。樹勢が強過ぎる園では草生栽培も検討する。

●土づくりはブドウ生産の基盤

収穫までさまざまな管理作業のために園に通い、運搬車やスピードスプレーヤなど管理機を動かす。何もしないでいると、踏圧で土壌は硬く締まってくる。そうなると、細根の発生が少なく、根の伸長が悪くなり、土壌中に十分な養分があっても吸収されにくくなる。また、裂果や縮果症の発生も多くなる。

そうならないよう、堆肥などの有機物の施用や深耕などを行ない、通気性、保水性、保肥力の向上に努める。具体的には以下のようにする。

①有機物施用の効果

有機物が土壌中に投入されると微生物が活発に働くようになる。その際、微生物が出す物質が土壌の粒子と粒子を結びつけ、団粒の形成が図られる。土壌が団粒化すると、団粒内外に隙間ができ保水性や通気性、排水性などが良好になる。

有機物の施用量は、10aあたり1tを目安とする。ただし、堆肥の種類や自園の土壌条件により適宜調整する。有機物を施用した場合の化学肥料の施用量は、堆肥に含まれるチッソ割合を考慮して調整し、全体が過剰にならないように注意する（表8-1）。

なお、未熟な堆肥を施用すると、紋羽病などの土壌病害の感染源になるほか、未熟有機物が分解時に土中のチッソを消費し、いわゆるチッソ飢餓を引き起こす可能性があるので、完熟した堆肥を施用する。

②有機物の種類

堆肥の施用は物理性の改善に有効だが、有機物の分解特性や含有成分を把握して利用することが重要である。

以下におもな堆肥の特徴を記す。

牛ふん堆肥…牛ふんにオガクズやワラ、モミガラなどを加えて堆肥化したもの。肥料としての効果は比較的穏やかで、物理性の改善の効果が高いといえる。カリを多く含むため、カリが過剰になっている園では注意が必要となる。

鶏ふん堆肥…肥料成分が多く、牛ふん堆肥の3～4倍、豚ぷん堆肥の1.5～2倍を含有している。このため、化学肥料と似た効果

表8-1　堆肥等有機物資材中の肥料成分

資材名	チッソ（%）	リン酸（%）	カリ（%）
牛ふん堆肥	1.7	1.7	1.9
豚ぷん	4.0	7.5	2.1
鶏ふん	4.2	5.0	2.4
バーク堆肥	2.6	1.2	1.0
なたね粕	5.1	2.5	1.3
稲ワラ	0.8	0.4	1.9

（山梨県施肥指導基準、山梨果試分析データ）

が得られる。

豚ぷん堆肥…豚ぷんにオガクズや稲ワラなどを加えて堆肥化したもの。肥料としての効果は牛ふん堆肥と鶏ふん堆肥の中間で、肥料効果と物理性改善の効果が期待できる。

バーク堆肥…広葉樹や針葉樹の樹皮を長期間堆積発酵させたものである。添加物として鶏ふんや尿素が含まれているものもある。土壌の間隙を増やすので、保水性や通気性など物理性改善効果が高く、深耕時の土壌混和に適している。

②深耕の効果と実際

硬く締まった土壌の物理性を改善するには、有機物の施用と合わせて深耕もとても効果的な手段である。

しかし、ブドウの根域は比較的浅く、30～40cm程度の深さに根が集まっている。全面を深く耕してしまうと多くの根を切ってしまい、現実的ではない。そこで、部分的な深耕、すなわち樹の周囲の数カ所に穴を掘る「タコツボ方式」と、直線的に溝を掘る「条溝方式」とが行なわれている。成園では根の切断が比較的少ないタコツボ方式が適している。一方、粘土質土壌などの水はけの悪い園は、掘った穴に水が溜まりやすいため、樹幹からやや離れた部分に溝を直線的に掘る条溝方式が適している。また、根群の少ない未成園も条溝方式がよい。

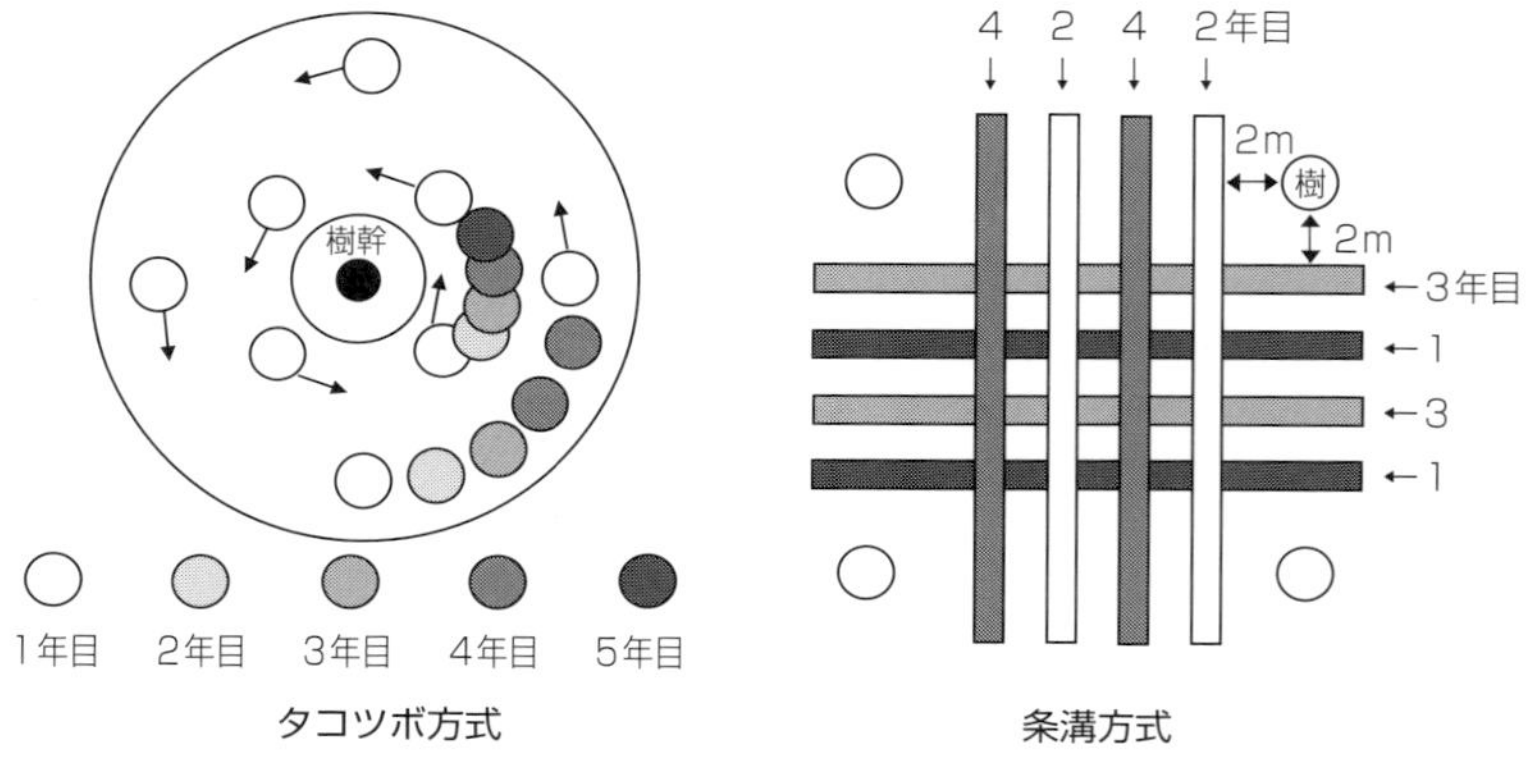

図8-1　有機物および深耕の施用方法

タコツボ、条溝のいずれの方式でも、深耕の深さは30cm程度を目安に行ない、埋め戻す際に堆肥を投入すると効果が高くなる。断根による樹勢低下を避けるため、5～6年かけて樹幹周辺を一巡するよう、計画的に行なうのがよい（図8-1、写真8-1）。

写真8-1　重機を使ったタコツボ深耕

なお、土壌が硬くなりすぎて深耕が行な

いにくい場合は、バンダーやグロースガンなどの機械を利用し、土壌中に空気を注入する方法もある。その際、空気と一緒に土壌改良資材や肥料などを投入すると、より効果的である。

❷肥料成分の働きと施肥

●3年に1回はぜひ土壌診断を

肥料を適正に施すには、園内の土壌の化学性（成分含量）と樹の状態を把握することが必要となる。

樹の状態は、生育期に新梢の伸び、養分欠乏症の発生有無などにより確認する。一方、土壌の化学性については土壌分析で把握することになる。土壌分析は、農協や農業関係の公的機関で行なっている。健全に生育している園でも3年に1回くらいは実施して、診断結果を施肥設計に生かし、欠乏症や過剰症を未然に防ぐようにしたい。

●おもな成分の土壌診断基準（表8-2）

土壌分析では、一般に石灰、苦土、リン酸、カリ、pHの状況を調べることができる。次項に土壌pHと各成分の働きを示すが、いずれについても適正な量がバランスよく土壌中に含まれていることが重要となる。これらの成分を多く施用したからといって増収するわけでなく、かえって他成分の吸収を阻害したり、過剰害が発生したりする。分析結果をふまえて自園に合うよう調整し、施肥設計を行なう。

なお、チッソは肥料三要素の一つで、植物の生育を左右する重要な肥料成分だが、一般の分析では把握できない。チッソの判断については生育期の新梢の伸び、葉の色、葉の大きさ、樹勢を思い起こし、施用量を調整する。

①土壌pH

土壌が酸性かアルカリ性かを示し、土壌の状態を判断するのに不可欠な項目である。土壌の性質がどちらかに傾くと、微量要素の吸収などに影響し、生育障害の発生につながる。デラウェアや巨峰系4倍体品種では6.5～7.0、欧州系品種では6.5～7.5が適正範囲である。土壌診断の結果、酸性に傾

表8-2　土壌診断基準

分類	土壌	pH	交換性塩基（mg/100g）			可給態リン酸（mg/100g）
			石灰	苦土	カリ	
欧州系品種	砂質土	6.5～7.5	120～350	20～40	15～30	20～60
	壌～埴壌土	6.5～7.5	250～500	30～60	25～50	20～60
	火山灰土	6.5～7.5	300～600	40～70	30～60	20～40
米国系品種 欧米雑種	砂質土	6.5～7.0	120～300	20～40	15～30	20～60
	壌～埴壌土	6.5～7.0	250～400	30～60	25～50	20～60
	火山灰土	6.5～7.0	300～500	40～70	30～60	20～40

（山梨県農作物施肥指導基準）

いている場合は石灰質資材を施用し、矯正する。また、pHが高い場合は石灰質資材の使用は控え、pHの上昇を抑えるようにする。

②リン酸

開花結実や果実の成熟、枝の登熟などに関係している。水に溶けにくく移動性が低いのが特徴である。また、鉄やアルミニウムに結合すると根からの吸収がされにくくなる。とくに火山灰土壌ではこの傾向が強い。

堆肥などの有機質資材はリン酸が土壌に固定されるのを防ぐ効果があるので、火山灰土壌では積極的に施用するとよい。

なお、リン酸の過剰症は症状が現われにくく、ついつい慣行どおりに施用してしまいがちだが、多く施用しても効果は期待できず、過剰にならないよう注意する。

③カリ

果粒肥大や着色などに影響する。カリが不足すると生育が抑制されて果粒肥大不足や生育の遅延などがおこる。一方、過剰になると石灰や苦土の吸収が抑制され、これらの成分の欠乏症を誘発しやすくなる。

近年、カリが過剰ぎみの園が多く見られる。この原因には、肥料だけでなく、牛ふんなど家畜ふん堆肥や敷きワラに使う稲ワラからの多量なカリ供給もあるとされている。これら堆肥などの資材から供給される成分量も考慮して、カリの施肥が過剰にならないよう注意する。

④石灰

収量や果実品質への影響のほか、土壌pHを上昇させる作用がある。欠乏すると生長点の生育が停止し、生育が抑制される。過剰になると土壌pHが上昇し、ホウ素やマンガンなどの微量要素の吸収を妨げ、欠乏症が発生しやすくなる。このため、石灰質資材を施用する際には、園の土壌pHに応じた資材を選択するようにする（表8-3）。

⑤苦土（マグネシウム）

葉緑素の構成成分である。欠乏すると葉脈間の葉緑素が失われ、葉が黄化してくる。現場では「縞葉」や「とら葉」などと呼ばれている。葉の葉緑素が減少するので光合成能が低下し、果実糖度は低下する。土壌分析で適正値以下の場合は、基準値に達するように硫酸苦土を施用する。

苦土欠に似た症状は、苦土の診断値が基準内であっても樹勢が強い樹で基葉を中心にしばしば発生する。これは、先端葉をつくる材料として基葉から苦土が移動するためで、新梢先端を摘心することで軽減できる。

なお、苦土とカリ、石灰は交換性塩基と呼ばれる一つのグループをなし、各成分相互のバランスが重要とされている。成分それぞれが単品で十分に含まれていても、その相互のバランスが崩れていると、吸収が阻害されてしまうのである。

土壌分析結果には、そのバランスについても記されているので、参考にする。

表8-3　土壌pH別の石灰質肥料と苦土肥料

土壌pH	5.5以下	5.5～6.0	6.0～6.5	6.5以上
石灰質肥料	生石灰 消石灰	苦土石灰	サンライム	エスカル
苦土肥料	高苦土石灰	苦土石灰 水酸化苦土	苦土石灰 水酸化苦土	硫酸苦土

表8-4　成木の年間施肥量（kg /10a）

品種	チッソ	リン酸	カリ	苦土石灰
デラウェア	13	10	9	80
デラウェア（ハウス）	16	13	14	80
巨峰、ピオーネ	6	6	6	80
種なし巨峰、種なしピオーネ	8	6	6	80
巨峰、ピオーネ（ハウス）	8	10	9	80
甲斐路系	12	9	8	100
ロザリオビアンコ	12	9	8	100
甲州	12	9	8	100
醸造専用種（棚栽培）	6	5	5	100

（山梨県農作物施肥指導基準）

●施肥の方法と時期

①基肥

基肥は、樹体の生育や果実の肥大・成熟のための養分のほとんどを供給する。ブドウでは、ベレーゾン以降の新梢の遅伸びは果実品質を低下させるので、生育初期に高く、後半はゆるやかに低下するようなチッソ肥効が理想である。このため、生育初期に重点的に効く基肥中心の施肥体系が適している。養分流亡が著しい土壌でないかぎり、年間で施用する肥料分のほとんどは基肥とする。

時期は、生育初期の養分吸収に間に合うようにし、有機配合など肥料成分中に有機物が含まれている場合はその分解を進めるため、落葉後の10月下旬から11月に行なう。化学成分のみの場合は、もう少し遅く、11月以降でよい。

②追肥

ブドウでは生育に必要な養分のほとんどを基肥でまかなうが、生育中に新梢の伸びが悪く、樹勢が低下している場合や葉色が薄くなった場合に応急措置として追肥が必要となる。

巨峰群品種の種あり栽培で、開花期の新梢の徒長により結実確保が心配される場合に基肥のチッソ量を6～7割に減らし、結実確認後に残りのチッソを速効性肥料で追肥するような設計もある。しかし、種なし栽培や欧州系の種あり栽培の場合には基肥中心の施肥とし、追肥の必要性は少ないと思われる。

いずれにしても、生育期間中のチッソ追肥は新梢の徒長をもたらす場合が多いので、施肥量には十分注意する。

③礼肥

礼肥も必ず行なわなければならない施肥ではなく、地力が低く、樹の疲労が大きい場合などに限られる。葉を回復させ貯蔵養分の蓄積を助ける。ただし、旺盛に伸びている樹では遅伸びを助長し、貯蔵養分の浪費につながるので施用しない。また、収穫後から基肥の施肥まで期間が短い晩生の欧州系品種なども、基本的に礼肥は施用しない。

施用する場合は、秋根が伸びる時期に速効性のチッソを中心に年間施肥量の2割程度を施す。デラウェアなどの早生品種や巨峰群品種などでは、9月上旬から中旬に施用している。

④葉面散布

葉面散布は即効的な養分補給を目的に、肥料溶液を葉面に散布する施肥方法である。根からの吸収と異なり、迅速な肥料効果を求める場合に適している。

ちなみに葉に付着した養分の半量が吸収される時間は、チッソ（尿素）で1～24時間、マンガンやカリで1～4日、リン酸で1～2週間とされている。このように、比較的吸収が早く、また微量であることから、マンガンやホウ素などの養分欠乏症が発生した場合や、一時的に生育が遅れた状況で樹勢を回復させる場合などに適している。

写真8-2　マグネシウム（苦土）欠乏症
新梢基部の葉の葉脈間が黄色くなる

⑤施肥の施用範囲は

肥料養分は根から吸収されるので、吸収効率を高めるためには根の多く分布するところに施肥する。地下部は目に見えないが、枝のある樹冠下には根も存在するといわれる。そこで樹冠下の土壌表面に施用し、施肥後は管理機などで表土と軽く混和する。

ただし、棚が埋まっていない若木の園では根が分布していない部分の施肥は無駄になるので、主幹周囲を中心に施用する。

3 養分欠乏症の診断と対策

以下にブドウに多い欠乏症の特徴と対策について示した。

①マグネシウム（苦土）欠乏症

特徴と診断…比較的発生が多い生理障害である。開花期以降に新梢基部の葉の葉脈間が黄色くなり、黄化が進むと葉縁部が枯れることもある（写真8-2）。症状は盛夏から落葉期にかけて激しくなるが、樹体への影響は比較的少ない。果実品質への影響は果粒重や果房重への影響は少ないが、糖度と着色は低下する傾向がある。なお、秋季にマグネシウム欠乏症が多かった樹でも、翌年の春先の葉に黄化は見られない。

発生原因…土壌からの苦土供給量が少ない場合に発生する。また、土壌中にカリが過剰に含まれている場合にも、拮抗作用により欠乏症が発生する。生育が旺盛な樹では吸収した苦土が伸びている新梢の先端の葉の葉緑素の材料として使われるが、土壌からの供給が少ない場合は新梢基部の葉から移行するため、基部の葉に症状が発生しやすくなる。

対策…土壌診断を行なって土壌中の苦土成分量を把握し、1～2年かけて必要量を施用する。資材は硫酸マグネシウムを10aあたり40～80kg土壌施用する。

生育が旺盛な樹では、樹勢を落ち着かせるような管理に努めることが肝要である。また、生育期には摘心をしっかりと行ない、余計な新梢を伸ばさないようにする。むしろ土壌中のカリが過剰な場合はカリを施用しない。

葉面散布で対処する場合は、マグネシウ

写真8-3　ホウ素欠乏症
アン入り果や石ブドウの原因に

写真8-4　チッソ欠乏
葉色が薄く、新梢の伸長が鈍く、全体に活力が感じられない

ムを主体とした資材を5月下旬から1カ月間隔で2～3回処理する。

②ホウ素欠乏症

特徴と診断…生育初期に新梢先端の葉の葉脈間に油浸状の黄色い斑点が生じ、葉は小型化して奇形になる。ホウ素は結実や果粒に影響が現われやすく、開花期前から欠乏すると花振るいがおこり、結実が不良となる。幼果期に欠乏すると果粒の内部組織が褐変し、アンが入っているように見える「アン入り果」（写真8-3）や、果粒表面がごつごつと固くなる「石ブドウ」になる。

発生原因…土壌中にホウ素が少ないと吸収量が不足し、発生する。またホウ素は水に溶けやすく、土壌水分の影響も受けやすい。土壌が乾燥していると、ホウ素があっても吸収されにくいため欠乏症状が出やすくなる。

対策…一般的なブドウ用の配合肥料や堆肥の中にはホウ素成分が含まれているので、基準にしたがった施肥を行なっていれば、必要量は足りている。ホウ素欠乏の影響が出やすい4～6月は、土壌が乾燥しないように定期的に灌水を行なう。

葉面散布で対処する場合にはマルポロンの1000倍液を、1週間間隔で2～3回処理する。

③チッソ欠乏

特徴と診断…葉色が薄くなり、新梢の伸長が鈍く全体的に活力が低下して見える。果実品質も果粒重や果房重が低下し、着色も悪くなる（写真8-4）。

発生原因…土壌中にチッソが少ないと発生する。また土壌の乾燥による吸収不足、降雨などによるチッソ分の流亡、草生栽培園での草との養分競合などが挙げられる。

対策…欠乏症状が見られたら、尿素など即効性のチッソ肥料を10aあたり成分で1～3kg施用し、たっぷり灌水する。より早く葉色を回復させたい場合は、尿素の200倍液を10aあたり200～300ℓを葉面散布する。

④カリ欠乏

特徴と診断…生育の初期に新梢基部の葉全体が黄白化し、その後、葉脈間に斑点状に黄白化が発生し、次第に褐色化する（写真

写真8-5　カリ欠乏
葉脈間に斑点状に黄白化が発生し、次第に褐色化する

写真8-6　マンガン欠乏症
デラウェアの着色障害が知られている。果房の下部が着色しない「ツートン」、着色しない果実が混在する「ゴマシオ」の症状がある

8-5）。成熟期前に重症化すると葉縁部が壊死し、葉焼け症状を示す。新梢は伸びず樹勢は低下し、果房の生育も不良となり果粒も小さくなる。

原因…一般的な園ではカリ欠乏はほとんど見られない。基肥のみで施肥は十分である。ただし、造成園などではカリ含量が不足している場合もある。カリ欠乏の原因は養分の拮抗作用、チッソ過剰、着果過多、根の障害などが挙げられる。

対策…地域の施肥基準などを参考に適正量になるように施肥量を調節する。施肥資材は硫酸カリや塩化カリがよい。不足量は単年で補おうとせず2～3年かけて施用する。なお、敷きワラや牛ふん、鶏ふんなどにはカリが含まれているので、これらの有機物を用いた土づくりを計画的に行なう。

⑤マンガン欠乏症

特徴と診断…デラウェアの着色障害が知られている。果房の下部が着色しない「ツートン」や、着色した果粒としない果粒が混在する「ゴマシオ」の症状がある（写真8-6）。デラウェア以外の品種では明確な欠乏症状の発現や果実への影響は明らかになっていない。このことから米国系品種以外ではマンガン欠乏の感受性は比較的低いと推測される。

発生原因…土壌のpHが高いとマンガンが吸収されにくい形態となり、発生している場面が多く見られる。また、デラウェアの着色障害は火山灰など作土の深い園や、着果過多の園でも発生しやすい。

対策…デラウェアで着色障害が発生している場合は、硫酸マンガン液肥を重量比100倍に希釈して、2回目のジベレリン処理時に浸漬処理する。重症園ではさらに硫酸マンガン液肥200倍液を10aあたり200～300ℓ散布する。長期的には石灰質資材の施用を控え、土壌pHの上昇を抑えるようにする。

実際編

第9章 おもな病害虫と生理障害

主要病害の防除ポイント

1 べと病

症状　葉の病斑ははじめ輪郭がはっきりしない淡黄色の斑点になる。その後、葉裏に白色のカビが生じる。うどんこ病に似ているが毛足が長いのが特徴である。開花前に花穂が侵されると、全体に生気を失い、表面に白色のカビが生じる。その後は褐色に壊死する。曇雨天が続く年に発生が多く、花穂や幼果に発病すると壊滅的な被害になる（写真9－1①）。

生態と防除　生育期の防除開始時期がきわめて重要で、まず展葉5～6枚頃に予防散布を行ない、以降は10日間隔を目安に定期的に予防散布をする。この初期の防除が遅れ、花穂や幼果に発病すると被害は甚大になる。とくに欧州系品種は発病しやすいので注意が必要である。

病原菌は落葉の組織内で卵胞子の形で越冬する。卵胞子の寿命は長く、土中でも2年間は生存可能とされている。このため、落葉やせん定枝は園外にもち出して処分し、菌密度を下げることが重要となる。

2 晩腐病

症状　病名が示すとおり、成熟期になってから果粒に発病する。幼果に発病すると小さい黒点病斑を生じるが、この病斑は果粒軟化期までは拡大しない。果粒軟化期以降、果粒の糖が増加し、酸が減少してくると腐敗型の病斑を形成するようになる。病斑上には鮭肉色のネバネバした胞子塊を生じる。病斑が拡大すると果皮にしわがより、やがてミイラ果となる（写真9－1②）。

生態と防除　病原菌は結果母枝や果梗の切り残し、巻きひげなどの組織内に菌糸の形態で越冬する。伝染源となるこれらはきれいに取り除く。春先に降雨で枝が濡れ、平均気温が15℃ぐらいになると胞子が形成され、雨滴で伝染する。休眠期防除や生育期の薬剤防除はもちろんだが、果房に雨滴をあてないようにすることがもっとも重要な防除法である。カサかけや袋かけはなるべく早くから行ない、摘粒が遅れるような場合にはロウ引きカサをかけ、雨滴から果房を守る。

3 黒とう病

症状　新梢や葉、巻きひげ、果粒など、とくに軟弱な組織に発病する。葉では褐色の小さな斑点が現われ、その後2～3㎜の円形病斑に拡大する。幼果に発病すると、はじめは円形の黒褐色の斑点でのちに拡大して中央部は灰白色、周辺部が鮮紅色から紫黒色の2～5㎜の病斑となる。シャインマスカットで発生しやすい傾向にある（写真9‐1③）。

生態と防除　病原菌は結果母枝や巻きひげなどの病斑組織内に菌糸の形で越冬する。発芽期頃の降雨で病斑部が濡れると、その上に胞子が形成され、これが一次伝染源となり、雨滴より新梢や若い葉などに感染する。この一次感染源に近い場所にある新梢や果房などに多発する。発生してからでは防除が困難なので、せん定時に病斑のある結果母枝や巻きひげをせん除するなど伝染源の除去と、発芽前の休眠期防除が重要となる。

写真9‐1　おもな病気（1）
①べと病
②晩腐病
③黒とう病

4 うどんこ病

症状　新梢や葉、幼果などに発病する。葉では、はじめ3～5㎜の円形で黄緑色の斑

写真9-1　おもな病気（2）
④うどんこ病　⑤灰色かび病　⑥さび病

点を生じ、のちに表面に白色のカビを生じる。果房では、果粒や穂軸に灰白色のカビを生じる。黄緑色の品種ではカビの跡が褐色のカスリ状となるため外観を著しく損ねる（写真9-1④）。米国系品種に比べ、欧州系品種で発病が多い。

生態と防除　病原菌はおもに芽の鱗片内で菌糸の形で越冬していると考えられている。胞子は風で飛散しやすく、春先から初夏にかけて湿度が高く気温が高めで推移する年に発生が多い。

　薬剤による防除効果が高いので、薬剤散布をきっちり行なえば大きな被害を受けることは少ない。

5 灰色かび病

症状　花穂や幼果、成熟果、葉などに発病する。花穂では穂軸や支梗などの一部が淡褐色になって腐敗し、湿度が高い場合には灰色のカビを生じる（写真9-1⑤）。幼果では花冠などの花カスが付着していると、これに菌が寄生して褐変、腐敗したり、サビ果の原因になる。成熟果では裂果から発病することが多く、裂果した傷口に多量のカビが生じる。

生態と防除　病原菌は前年の被害残渣に菌糸や菌核の形で越冬し、春先に胞子を形成する。この胞子が風雨により飛散し、傷口や組織の軟らかい部分から侵入し発病する。

　風により張線などに接触して傷付いた花穂などに多く発生するので、強風で傷付いた場合には防除を徹底する。また、花カスは発生を助長するのできれいに落とす。

6 つる割病

症状　新梢や古ヅル、葉、果房などに発病する。新梢では基部に黒褐色の条斑が一面にでき、折れやすくなる。若葉では、はじめ小さな斑点が現われ、この部分を中心に淡黄色に透けて見える。葉の初期症状は黒とう病に似ているが、つる割病の病斑は小さく、条線状に隆起して鳥の眼状にならないので区別できる。古ヅルでは縦に割れ目がいくつも入り、病状が進むと2～3年後にはここから先は枯死する。

生態と防除　結果母枝の古い病斑組織中で菌糸や柄子殻（胞子の器）の形で越冬し、春先に胞子が出て、風雨により飛散する。防除では病気にかかった枝や枯れ枝をせん除することがポイントになる。発芽期になって枯死する結果母枝については見付け次第せん除する。

7 さび病

症状　おもに葉に発病する（写真9－1⑥）。葉裏に形成された胞子がオレンジ色の粉状になって現われる。直接果房を加害することはないが、多発した場合は早期落葉をおこすので、品質低下を招く。欧州系品種よりも米国系品種や巨峰群品種で発生しやすい。

生態と防除　病原菌は葉上に形成された冬胞子が落葉上で越冬する。翌春、発芽して小生子を生じ中間寄主のアワブキなどに寄生し、そこにできた胞子が第一次伝染源となる。防除ではアワブキなどの中間寄主をなくすことが一番であるが、現実には難しいので生育期の薬剤散布で防除する。とくにボルドー液は予防効果と残効に優れるので、生育期後半に散布すると効果的に防除できる。

主要害虫の防除ポイント

1 チャノキイロアザミウマ

症状　被害は吸汁により果実や茎葉に現われ、若葉では葉脈にそって茶褐色となる。果房の被害は穂軸が褐変し、果粒では灰白色または褐色のカスリ状の傷跡を生じて（写真9－2①）、ひどい場合はコルク化し、果粒肥大が妨げられる。

生態と防除　鱗片の内側や樹皮の割れ目などで成虫の形で越冬する。越冬した成虫は新梢に産卵し、その幼虫が穂軸や果粒を加害する。加害は、5月から収穫直前までと長いので定期的な防除が必要となる。袋をかけて栽培する場合は、とくに袋かけ前の防除をしっかり行ない、散布後はなるべく早く袋かけを行なう。そのとき袋の中に虫が入らないように留め金はしっかりと固定する。

2 クワコナカイガラムシ

症状　幼虫や成虫が果房や葉などに寄生して吸汁し、寄生した部位には排泄物によりすす病が発生する。とくに果房に寄生した場合は内部が黒く汚染され、商品価値はなくなる。中齢幼虫および成虫は白色のワラジ型で（写真9－2②）、虫体の側面には周縁毛がある。分泌物により全体に白く粉をふったように見える。

生態と防除　粗皮下で卵の形で越冬し、年3回発生する。卵は卵のうと呼ばれる綿状の分泌物の中に産まれる。卵から孵化した幼虫は新梢に歩行移動し、はじめは葉裏に寄生する。発育が進むと新梢基部や果房へ移動し集まって寄生吸汁する。果房に寄生した幼虫は発育して果房内に産卵するが、ここで孵化した幼虫の排泄物により果実が汚染される。

防除では休眠期に粗皮削りを行ない、越冬密度を下げることが重要となる。

3 ブドウトラカミキリ

症状　越冬幼虫が枝の表皮下を食害する。

写真9-2　おもな害虫
①スリップス（チャノキイロアザミウマ）被害
②クワコナカイガラムシ
③クビアカスカシバ（幼虫）　④ハダニ類

結果母枝に幼虫が入っている場合は、新梢の生育初期に加害部より先の新梢が急にしおれて枯死する。2～3年枝は枯死しないもののヤニを吹いていることが多い。加害を受けた結果母枝は休眠期には節の部分が黒くなり、ナイフで削ると食害部には虫ふんが見られ、その先に幼虫がいる。

生態と防除　成虫の発生は8～9月に多く、節の近くに産卵する（写真7-2参照）。孵化した幼虫は表皮下に入り食害を始める。越冬した幼虫は4月頃から活発に食害し、枝の中で蛹化し羽化する。

防除は成虫発生期または休眠期の薬剤散布で行なう。休眠期の防除では浸透性展着剤を加え、古ヅルや結果母枝によくかかるように散布する。被害が発生した園ではせん定枝を放置せずに適切に処理する。

4 クビアカスカシバ

症状　被害は主幹部や太枝の粗皮下に多く見られる（写真7-3参照）。木部を溝状に食害し、被害部にはヤニや虫ふんが多く見られる。食害により樹勢の低下が著しく、若木では枯死に至ることもある。一度被害を受けた部位には翌年も成虫が飛来して、ふたたび被害にあう場合が多い。

生態と防除　成虫の外見はスズメバチによく似ている。幼虫は若齢期には乳白色だが、成熟してくると桃紫色になり、体長は40㎜にも達する（写真9-2③）。終齢幼虫が秋に樹上から土中に移動してマユをつくり、この中で越冬する。主幹部や太枝の粗皮削りを行なうことで被害を減らすことができる。薬剤散布では主幹部や太枝にも十分にかかるよう丁寧に散布する。

5 ハダニ類

症状　被害は葉や果実（写真9-2④）に発生する。吸汁された部位は茶～赤褐色になり、被害が進行すると葉脈間の一部または全体が茶褐色になる。被害が進んだ葉は緑色が淡くなり、全体がくすんだように見える。ナミハダニでは増殖するとさかんに糸を出し、クモの巣状に網を張った被害が見られる。露地での発生は比較的少なく、施設栽培で多発する。

生態と防除　成虫が樹上や下草などで越冬する。多くの場合、下草で増殖したものが歩行移動してブドウ樹に寄生する。卵から成虫までの日数は25℃で約10日と、短期間で急激に増加する。密度が高くなると防除が困難になるので、初期の防除が重要となる。

おもな生理障害と対策

1 ねむり症（凍寒害）

症状は主幹や枝の枯死、不発芽、発芽遅延などで、春先になっても発芽せず、樹が眠っているような状態になることから「ねむり症」と呼ばれる。冬季の低温や乾燥が原因の障害である。貯蔵養分が不足している樹や結果母枝の充実不良の樹、欧州系品種の若木、テレキ系の台木でとくに徒長的な生育をしている場合に被害を受けやすくなる。また、厳寒期を過ぎ耐寒性が低下したのち、春先の戻り寒波などに遭遇した場合も被害を受けやすい。

防止対策では、土壌の乾燥を防ぐため、凍結層ができる地域では凍結層ができる前にたっぷり灌水する。また、主幹の周囲2mほどに敷きワラなどを行ない、土壌の凍結と乾燥を防止する。とくに欧州系品種では幹や太枝にワラなどを巻き、防寒対策を徹底する。

なお、徒長や着果過多、早期落葉を防ぐなど貯蔵養分を高める管理を励行し、樹体の耐寒性を高めておくのも基本的な防止対策である。

2 裂果

成熟期の前または成熟期にまとまった降雨があると果粒に過剰な水分が入り、裂果が発生しやすい。とくに、高温乾燥が続いたあとの大雨は裂果を助長する。成熟期に曇雨天が長く続いた場合も、葉からの蒸散が抑制されて裂果が発生しやすくなる。

乾湿のギャップを少なくすることで裂果

写真9-3　おもな生理障害
①裂果（ピオーネ）
②かすり症（シャインマスカット）
③かすり症とよく似たチャノキイロアザミウマによる被害
④房枯れ症
⑤縮果症

の発生が軽減されるので、極端な乾燥状態にならないように定期的な灌水に努める。

成熟期には蒸散器官である葉を一気に減らさないように極端な新梢管理は控える。

長期的には土壌の物理性を改善し、保水性や透水性をよくしたり、暗渠や明渠などを設置し、園が帯水しないよう排水対策を講じておく。

3 かすり症

シャインマスカットなど緑黄色の欧州系品種に多く発生し、果皮にかすり状のシミが生じ外観を損ねる（写真9-3②参照）。果皮内部の細胞が崩壊していることから、ロザリオビアンコの果面障害やチャノキイロアザミウマの被害と異なるが、発生の原因は不明である。山梨県果樹試験場の試験では、収穫まで袋で管理するとカサで管理した果房に比べ、かすり症の発生と果面のこすれが少なくなり、外観が優れる傾向にあった。

なお、ロザリオビアンコに発生する果面障害果は果皮表面に微裂果が生じ、棚下が暗く湿度が高い園に多く発生することがわかっている。また成熟期にチャノキイロアザミウマに加害されると、果粒表面に「かすり症」とよく似た被害が発生する（写真9－3③）。収穫期前までチャノキイロアザミウマの防除を行なうことで、被害を抑制できる。

4 房枯れ症

ベレーゾン以降、穂軸や支梗が全部または先端から枯れ、果粒が軟化、萎縮する障害で、山梨県では甲州やカベルネソーヴィニヨンなど醸造専用種に発生が多く、「ツルヒケ」と呼ばれている。

軟化した果粒は糖度が上がらず、収量や品質が低下するため栽培上の問題となっている。

発生の原因は不明であるが、チッソ過多で葉色が濃く、強樹勢の樹に多発する傾向が見られる。抜本的な対策は不明だが、チッソ過剰を解消して落ち着いた樹勢に導くこと、また、着果過多や耐水による根傷みを防ぎ、健全な樹体に保つよう心がける。

5 縮果症

幼果期からベレーゾン前の果粒の表面や果肉の一部が褐変し、痘痕状になり、ひどい場合は陥没や亀裂から裂果へと進むこともある。おもに甲斐路系品種で発生が見られる。ベレーゾン以降、果粒が軟化し始めると、発生は見られなくなる。

原因は果粒に急激に水分が入り込み、内部組織が崩壊して発生すると考えられており、極端な新梢管理で蒸散器官である葉を一気に減らしたり、大雨などによる土壌の急激な水分変動によって多発、重症化する。発生軽減には、チッソ過多やせん定強度に注意し、強樹勢にならないような管理を心がける。また、ベレーゾン前の極端な新梢管理は行なわないようにする。

長期的には、裂果防止と同様に土壌の物理性を改善し、保水性や透水性をよくしたり、暗渠や明渠などを設置して、園が帯水しないよう排水対策を講じる。

ブドウ 生産資材、ブドウ苗木の入手先

〔生産資材等の問い合わせ先〕

資材名	社名	郵便番号	住所	電話	FAX
果実袋	小林製袋産業㈱	395-8668	長野県飯田市北方 101	0265-24-2968	0265-24-7488
	柴田屋加工紙㈱	950-0207	新潟県新潟市江南区二本木 4-12-1	025-382-2511	025-382-4491
	星野㈱	950-1455	新潟県新潟市南区新飯田 2294-2	025-374-2201	025-374-2171
タイベック製ブドウ笠紙	双葉商事㈱	406-0802	山梨県笛吹市御坂町金川原 1187-8	055-263-3145	055-263-2679
摘粒用ハサミ	アルスコーポレーション㈱	599-8267	大阪府堺市中区八田寺町 476-3	072-260-2121	072-272-0400
	㈱泉屋	590-0940	大阪府堺市堺区車之町西 3-1-31	072-232-5059	—
	㈱サボテン	673-0443	兵庫県三木市別所町巴 40	0794-82-0666	0794-83-0952
	㈱近正	592-8352	大阪府堺市西区築港浜寺西町 2	072-268-0118	072-268-0144
電池式ジベスプレー	㈲スズキ技研	400-0862	山梨県甲府市朝気 3-15-8	055-222-3826	055-222-3836
バインド・タイ	㈱山梨バインド	405-0017	山梨県山梨市下神内川 208-2	0553-22-0642	0553-22-6183
ポケット糖度計	株式会社アタゴ	105-0011	東京都港区芝公園 2-6-3 芝公園フロントタワー 23 階	03-3431-1940	03-3431-1945
芽キズ用ハサミ	㈱岡恒鋏工場	722-2324	広島県尾道市因島田熊町 18-1	0845-22-2546	—
誘引結束機（テープナー）	マックス㈱	103-8502	東京都中央区日本橋箱崎町 6-6	03-3669-0311	—

〔ブドウ苗木のおもな入手先〕

社名	郵便番号	住所	電話	FAX
㈱天香園	999-3742	山形県東根市中島通り 1-34	0237-48-1231	0237-48-1170
㈲中山ぶどう園	999-3246	山形県上山市中山 5330	023-676-2325	023-672-4866
㈱福島天香園	960-2156	福島県福島市荒井字上町裏 2	024-593-2231	024-593-2234
㈱植原葡萄研究所	400-0806	山梨県甲府市善光寺 1-12-2	055-233-6009	055-233-6011
㈲前島園芸	406-0821	山梨県笛吹市八代町北 1454	055-265-2224	055-265-4284
㈲梶田種苗	406-0041	山梨県笛吹市石和町東高橋 345	055-262-3284	055-262-3284
㈲小町園	399-3802	長野県上伊那郡中川村片桐 6626-2	0265-88-2628	0265-88-3728
㈱山陽農園	709-0831	岡山県赤磐市五日市 215	086-955-3681	086-955-2240

●ハウスデラウェア

『平成30年度 果樹病害虫防除暦』（JA全農やまなし編）より抜粋

回数	散布時期	害虫の発生状況	薬剤と調合量 （100ℓあたり）	散布量 （10aあたり）	注意事項
晩腐病対策として果梗の切り残し・巻きひげの除去、カイガラムシ類には粗皮削りを徹底する。					①晩腐病の多い場合は、ベンレートT水和剤20 200倍（500g）・ベンレート水和剤500倍（200g）を用いる。 ②つる割病の多い場合は、ベンレート水和剤500倍（200g）を用いる。 ③ベンレートT水和剤20は単用散布とし、石灰硫黄合剤を2週間前までに散布する。 ④ベンレート水和剤は、石灰硫黄合剤と混用してもよい。その場合は、ベンレート水和剤を先に水に溶かしてから石灰硫黄合剤を加用する。
①	発芽前 （被覆前）	冬病菌・害虫 つる割病 晩腐病 サビダニ類 カイガラムシ類	石灰硫黄合剤 20倍―5ℓ 展着剤―別表Ⅱ	ℓ 300	
②	展葉3～4枚	褐斑病の伝染が始まる。 ハスモンヨトウ、フタテンヒメヨコバイの発生期。	ジマンダイセン水和剤 1,000倍―100g 加用スカウトフロアブル 3,000倍―33cc	300	①例年新梢萎縮病の発生が認められる園では、展葉1～2枚期から防除（除湿対策）を行なう。 ②ハスモンヨトウは若齢幼虫期にコテツフロアブル2,000倍（50cc）（収穫60日前までに散布）または、フェニックスフロアブル4,000倍（25cc）を用いる。 ③多湿にならないようビニールマルチを行ない、換気・暖房機を稼動し除湿する。 ④ロブラールくん煙剤にかえてフルピカくん煙剤（50g/500m³）またはロブラール水和剤〔常温煙霧（200g/6ℓ/10a)〕を用いてもよい。 ⑤ロブラールくん煙剤・フルピカくん煙剤および常温煙霧使用の場合は、開花直前にアドマイヤー水和剤2,000倍（50g）、落花期にコロマイト水和剤2,000倍（50g）を用いる。 ⑥クワコナカイガラムシの多い場合は、開花前にスプラサイド水和剤1,500倍（66g）または、スプラサイド水和剤〔常温煙霧（200g/9ℓ/10a)〕を用いる。 （別表Ⅰ参照）
③	開花直前	灰色かび病の発生期。 フタテンヒメヨコバイ、アブラムシ類の発生が多くなる。	スイッチ顆粒水和剤 2,000倍―50g 加用アドマイヤー水和剤 2,000倍―50g またはロブラールくん煙剤150～200m³あたり―50g	300	
④	落花期	灰色かび病が多発する。 ハダニ類の発生が多くなる。 ブドウサビダニの発生期。	スイッチ顆粒水和剤 2,000倍―50g 加用コロマイト水和剤 2,000倍―50g またはロブラールくん煙剤150～200m³あたり―50g	300	
幼果期にフタテンヒメヨコバイの多い場合はスカウトフロアブル2,000倍（50cc）を用いる。ハダニ類にはダニトロンフロアブル2,000倍（50cc、収穫30日前まで）または、テルスタージェット400m³あたり48gを用いる。					
⑤	収穫後	さび病、べと病が多発する。 ハダニ類、フタテンヒメヨコバイの発生が多くなる。	Cボルドー66D 40倍―2.5kg または4―4式ボルドー液 硫酸銅―400g 生石灰―400g 加用サンマイト水和剤 1,000倍―100g	400	ボルドー液は、樹勢が回復してから、十分量を散布する。
⑥	8月上旬～ 中旬	さび病、べと病が多発する。 フタテンヒメヨコバイが多発する。 ブドウトラカミキリの産卵期。	ICボルドー66D 40倍―2.5kg または4―4式ボルドー液 硫酸銅―400g 生石灰―400g 加用スミチオン水和剤40 1,000倍―100g	400	スミチオン水和剤40は、カキ、リンゴ、ネクタリン、スモモ、キウイフルーツの隣接園では飛散に注意する。
⑦	10月下旬	ブドウトラカミキリの幼虫期。	トラサイドA乳剤 200倍―500cc またはラビキラー乳剤 200倍―500cc 浸透性展着剤―別表	300	①隣接園に収穫前の果樹がある場合は飛散に注意する。 ②住宅隣接園では、トラサイドA乳剤または、ラビキラー乳剤にかえてモスピラン顆粒水溶剤2,000倍（50g）を10月中旬までに用いてもよい。 ③古ヅルや新梢によくかかるように散布する。

別表Ⅰ　くん煙剤

薬剤名	病害虫名	収穫前日数	使用回数	使用量
ロブラールくん煙剤	灰色かび病	開花直前～幼果期	3回以内	100g（50g×2個）/ くん煙室容積300～400m³
フルピカくん煙剤	灰色かび病	30日前迄	2回以内	50g（1錠）/くん煙室容積500m³
モスピランジェット	コナカイガラムシ類	14日前迄	3回以内	50g/くん煙室容積400m³
テルスタージェット	ハダニ類	前日まで	1回	8g/くん煙室容積400m³

※煙が直接葉や果実にあたらないようにする。

ブドウ　防除暦●デラウェア

回数	散布時期	害虫の発生状況	薬剤と調合量 （100ℓあたり）	散布量 （10aあたり）	注意事項
晩腐病対策として果梗の切り残し・巻きひげの除去、カイガラムシ類には粗皮削りを徹底する。 越冬病害虫対策として、石灰硫黄合剤 20倍（5ℓ）を用いる（展着剤—別表Ⅱ）。					①ブドウトラカミキリの秋防除を行なわなかった場合は、２月下旬にトラカミキリ防除剤を散布する。降雨にあうと効果が劣るので、晴天の続く日を選んで枝にまんべんなくかかるように丁寧に散布する。 ②SSで散布する場合は、死角のないように補助散布を行なう。 ③ベンレートＴ水和剤 20は単用散布とし、石灰硫黄合剤を２週間前までに散布する。 ④ベンレート水和剤は、石灰硫黄合剤と混用してもよい。その場合は、ベンレート水和剤を先に水に溶かしてから石灰硫黄合剤を加用する。 ⑤ベンレートＴ水和剤 20・ベンレート水和剤にかえて、トップジンＭペースト３倍液を塗布してもよい。 ⑥例年カスミカメ類の発生が多い場合は、園内外の雑草管理を徹底する。
①	発芽前 （３月上旬～中旬）	越冬病菌・害虫 つる割病 晩腐病	ベンレートＴ水和剤 20 200倍—500ｇ またはベンレート水和剤 500倍—200ｇ 展着剤—別表Ⅱ	ℓ 300	
②	展葉7～8枚 (5月上旬) ホース栽培では展葉５～６枚	べと病、つる割病が発生し始める。 フタテンヒメヨコバイ、チャノキイロアザミウマ、アブラムシ類の発生が始まる。	ジマンダイセン水和剤 1,000倍—100ｇ 加用アドマイヤー水和剤　2,000倍—50ｇ	300	
第１回 ジベレリン処理					
③	開花直前	べと病、灰色かび病の発生期。 アブラムシ類、トリバ類の発生が始まる。	ジマンダイセン水和剤 1,000倍—100ｇ 加用フルーツセイバー 1,500倍—66cc	300	クワコナカイガラムシには、５月下旬～６月上旬にスプラサイド水和剤 1,500倍（66ｇ）を単用する。
	（落花直後）	サビ果予防のため花かす落としを励行する。 灰色かび病には、スイッチ顆粒水和剤 2,000倍（50ｇ）の散布を行なう。			①スイッチ顆粒水和剤は、オウトウに薬害の発生する恐れがあるので、隣接園ではオーシャインフロアブル 2,000倍（50cc）を用いる。 ②例年ハダニ類の発生が多い園では、落花期前後にコロマイト水和剤 2,000倍（50ｇ）を用いる。 ③コロマイト水和剤は、カキ、キウイフルーツの隣接園では飛散に注意する。
第２回ジベレリン処理（カサかけは早く行なう） トリバ類の発生に注意する。					
④	カサかけ直後 （６月上旬～中旬）	晩腐病の感染期。 べと病、チャノキイロアザミウマ、トリバ類、フタテンヒメヨコバイの発生期。	（棚上散布） ICボルドー 66D 40倍—2.5kg または４—４式ボルドー液 硫酸銅—400ｇ 生石灰—400ｇ 加用モスピラン顆粒水溶剤 2,000倍—50ｇ	300	①ハダニ類の発生が見られる園では、ダニトロンフロアブル 2,000倍（50cc）を収穫 30日前までに棚下から散布する。ただし、スモモの隣接園では用いない。 ②病果は見つけ次第取り除き、圃場外へもち出す。 ③モスピラン顆粒水溶剤は、収穫 14日前までに用いる。
⑤	収穫後 （８月下旬）	さび病、べと病、褐斑病、フタテンヒメヨコバイが多発する。 ブドウトラカミキリの産卵期。	ICボルドー 66D 40倍—2.5kg または４—４式ボルドー液 硫酸銅—400ｇ 生石灰—400ｇ 加用スミチオン水和剤	400	スミチオン水和剤 40は、カキ、リンゴ、ネクタリン、スモモ、キウイフルーツの隣接園では飛散に注意する。
⑥	10月下旬～ 11月上旬	ブドウトラカミキリの幼虫	トラサイドＡ乳剤 200倍－500cc またはラビキラー乳剤 200倍－500cc 浸透性展着剤－別表	300	①隣接園に収穫前の果樹がある場合は飛散に注意する。 ②住宅隣接園では，トラカミキリ防除剤にかえてモスピラン顆粒水溶剤 2,000倍（50ｇ）を 10月中旬までに用いてもよい。 ③古ヅルや新梢によくかかるように散布する。

<table>
<tr><th>回数</th><th>散布時期</th><th>害虫の発生状況</th><th colspan="2">薬剤と調合量
（100ℓあたり）</th><th>散布量
(10 aあたり)</th><th>注意事項</th></tr>
<tr><td colspan="7">晩腐病対策として、カサ・袋かけは早く行なう。
チャノキイロアザミウマ対策として、袋かけが遅れる場合や、前年発生が多かった園ではアドマイヤーフロアブル 5,000 倍（20cc）を追加散布する。
クビアカスカシバの多い園では、パダン SG 水溶剤 1,500 倍（66 g）をカサかけ・袋かけ後に散布する。ただし、デラウェアの隣接園では飛散に注意する。</td></tr>
<tr><td>⑦</td><td>袋かけ直後
（6 月中旬〜
6 月下旬）</td><td>べと病の多発期。
晩腐病の感染期。
クビアカスカシバの多発期。
ブドウサビダニ、チャノキイロアザミウマの発生期。</td><td colspan="2">IC ボルドー 66D　40 倍—2.5kg
または４－４式ボルドー液（硫酸銅 400 g・生石灰 400 g）
加用コロマイト水和剤 2,000 倍—50 g</td><td>400</td><td rowspan="6">①コロマイト水和剤は、カキ、キウイフルーツの隣接園では飛散に注意する。
②カサかけ園では、これ以降は棚上散布とする。
③棚上にも十分散布する。
④この時期からチャノキイロアザミウマの密着が急に高まるので散布間隔があかないよう注意する。
⑤チャノキイロアザミウマの多い場合は、アーデントフロアブル 2,000 倍（50cc）を追加散布する。
⑥遅場地域の８月中、下旬散布は、ボルドー液加用アーデントフロアブル 2,000 倍（50cc）とする。
・IC ボルドーを使用する場合には、アーデントフロアブルを先に溶かしてから、IC ボルドーを混用する。
・ボルドー液を使用する場合には、アーデントフロアブルを 10ℓ以上の水に溶かしてから、ボルドー液に加用する。
⑦病果は見付け次第取り除き、圃場外へもち出す。</td></tr>
<tr><td rowspan="3">⑧</td><td rowspan="2">7 月上旬〜
7 月中旬</td><td rowspan="2">チャノキイロアザミウマ、クビアカスカシバの多発期。
クワコナカイガラムシの発生期。
べと病の発生期。
さび病の感染期。</td><td>種なし栽培</td><td>種あり栽培</td><td></td></tr>
<tr><td>IC ボルドー 66D
40 倍—2.5kg
または４－４式ボルドー液（硫酸銅 400 g・生石灰 400 g）
加用モスピラン顆粒水溶剤 2,000 倍—50 g
（収穫 14 日前までに散布）</td><td>—</td><td>400</td></tr>
<tr><td>除袋前
（7 月中旬〜
7 月下旬）</td><td rowspan="3">チャノキイロアザミウマの多発期。
クビアカスカシバの発生が続く。
べと病、さび病の発生が続く。
晩腐病、灰色かび病の発生期。</td><td>—</td><td>C ボルドー 66D
40 倍—2.5kg
または４－４式ボルドー液（硫酸銅 400 g・生石灰 400 g）
加用モスピラン顆粒水溶剤 2,000 倍—50 g
（収穫 14 日前までに散布）</td><td>400</td></tr>
<tr><td rowspan="2">⑨</td><td>除袋前
（7 月下旬〜
8 月上旬）</td><td>C ボルドー 66D
40 倍—2.5kg
または４－４式ボルドー液（硫酸銅 400 g・生石灰 400 g）
加用ディアナ WDG
10,000 倍—10 g</td><td>—</td><td>400</td></tr>
<tr><td>8 月上旬〜
8 月中旬</td><td>—</td><td>（棚上散布）
ディアナ WDG
10,000 倍—10 g
展着剤—別表</td><td>400</td></tr>
<tr><td>⑩</td><td>収穫直後
（9 月上旬〜
9 月中旬）</td><td>べと病、さび病の発生が続く。
ブドウトラカミキリの産卵期。</td><td colspan="2">IC ボルドー 66D 40 倍—2.5kg
または４－４式ボルドー液
（硫酸銅 400 g・生石灰 400 g）
加用スミチオン水和剤 40　1,000 倍—100 g</td><td>400</td><td>スミチオン水和剤 40 は、カキ、リンゴ、キウイフルーツの隣接園では飛散に注意する。</td></tr>
<tr><td>⑪</td><td>10 月下旬〜
11 月上旬</td><td>ブドウトラカミキリの幼虫期。</td><td>トラサイド A 乳剤 200 倍—500cc
またはラビキラー乳剤 200 倍—500cc
浸透性展着剤—別表</td><td></td><td>300</td><td>①隣接園に収穫前の果樹がある場合は飛散に注意する。
②住宅隣接園では、トラカミキリ防除剤にかえてモスピラン顆粒水溶剤 2,000 倍（50 g）を 10 月中旬までに用いてもよい。
③古ヅルや新梢によくかかるように散布する。</td></tr>
</table>

ブドウ 防除暦●巨峰・ピオーネ・藤稔（種なし・種あり）

回数	散布時期	病害虫の発生状況	薬剤と調合量（100ℓあたり）	散布量（10aあたり）	注意事項
晩腐病対策として果梗の切り残し・巻きひげの除去、カイガラムシ類には粗皮削りを徹底する。 越冬病害虫対策として、石灰硫黄合剤 20 倍（5ℓ）を用いる（展着剤―別表Ⅱ）。					①ブドウトラカミキリの秋防除を行なわなかった場合は、2月下旬にトラカミキリ防除剤を散布する。 ②ベンレートＴ水和剤 20 は単用散布とし、石灰硫黄合剤を２週間前までに散布する。 ③ベンレート水和剤は、石灰硫黄合剤と混用してもよい。その場合は、ベンレート水和剤を先に水に溶かしてから石灰硫黄合剤を加用する。 ④ベンレートＴ水和剤 20・ベンレート水和剤にかえて、トップジンMペースト３倍液を塗布してもよい。
①	発芽前 （3月中旬～4月上旬）	越冬病菌・害虫 黒とう病 つる割病 晩腐病	ベンレートＴ水和剤 20 200 倍―500 g またはベンレート水和剤 200 倍―500 g 展着剤―別表Ⅱ	ℓ 300	
②	展葉 5～6枚 （4月下旬～5月上旬）	べと病、黒とう病が発生し始める。チャノキイロアザミウマ、フタテンヒメヨコバイが発生する。	ドーシャスフロアブル 2,000 倍―50cc （注）注意事項②参照 加用スカウトフロアブル 3,000 倍―33cc	300	①べと病防除のもっとも重要な時期であるから、散布開始が遅れないようにする。 ②オウトウ、スモモ、ウメの隣接園ではドーシャスフロアブルにかえて、アリエッティ水和剤 800 倍（125 g）を用いる。
	べと病対策として、散布量を守り、散布間隔をあけないようにする。				①オーソサイド水和剤 80 は、スモモに薬害の発生する恐れがあるので、隣接園では飛散に注意する。 ②天候不順が予想される場合やべと病の発病初期には、ゾーベックエニケード 5,000 倍（20cc）をかけむらのないよう丁寧に散布する。ただし、散布時期が遅れると果粉の溶脱が心配されるので、開花直前までに用いる。 ③ゾーベックエニケードは、周辺に立木類がある場合は飛散しないように注意する。耐性菌の発生を防ぐため、連用を避け、年１回の使用とする。 ④前年うどんこ病の発生が多かった園では、スイッチ顆粒水和剤 2,000 倍（50 g）にかえて、フルーツセイバー 1,500 倍（66cc）を用いる。 ⑤スイッチ顆粒水和剤は、オウトウに薬害の発生する恐れがあるので、隣接園ではフルーツセイバー 1,500 倍（66cc）を用いる。 ⑥クワコナカイガラムシの多い場合は、スプラサイド水和剤 1,500 倍（66 g）を用いる。ただし、立木類に薬害の発生する恐れがあるので飛散に注意する。 ⑦ミカンキイロアザミウマの多い園では除草を徹底し、開花直前にアーデントフロアブル 2,000 倍（50cc）を用いる。
③	展葉 9～10 枚 （5月上旬～5月中旬	べと病、黒とう病、クワコナカイガラムシ、チャノキイロアザミウマ、アブラムシ類、フタテンヒメヨコバイの発生期。	オーソサイド水和剤 80 800 倍―125 g 加用モスピラン顆粒水溶剤 2,000 倍―50 g	300	
④	開花直前 （5月中旬～5月下旬）	べと病、灰色かび病、黒とう病、うどんこ病、クワコナカイガラムシ、チャノキイロアザミウマ、ミカンキイロアザミウマの発生期。	オーソサイド水和剤 80 800 倍―125 g 加用フルーツセイバー 1,500 倍―66cc またはスイッチ顆粒水和剤 2,000 倍―50 g	300	
種なし栽培：第１回ジベレリン処理（晩腐病対策として、処理後ただちにロウ引きのカサかけを行なう）。					
⑤	落花直後 （5月下旬～6月上旬）	べと病、灰色かび病、黒とう病、うどんこ病の発生が多くなる。晩腐病の感染期。 クワコナカイガラムシ、チャノキイロアザミウマ、ハダニ類、ブドウサビダニの発生期。 ハマキムシ類、トリバ類、クビアカスカシバの発生が始まる。	ジマンダイセン水和剤 1,000 倍―100 g 加用コルト顆粒水和剤 3,000 倍―33 g		①天候不順が予想される場合やべと病の発病初期には、ジャストフィットフロアブル 5,000 倍（20cc）をかけむらのないよう丁寧に散布する。 ②ジャストフィットフロアブルは、周辺に立木類がある場合は飛散しないように注意する。耐性菌の発生を防ぐため、連用を避け、年１回の使用とする。 ③花かすをできる限り丁寧に取り除き、灰色かび病の多い場合はスイッチ顆粒水和剤 2,000 倍（50 g）を用いる。 ④前年クビアカスカシバの被害の多い園では、小豆大までにパダン SG 水溶剤 1,500 倍（66 g）を用いる。 ただし、散布時期が遅れると果粉の溶脱が心配されるので注意する。 デラウェアの隣接園では飛散に注意する。 ⑤ハダニ類には、カネマイトフロアブル 1,500 倍（66cc）を追加散布する。
	うどんこ病対策として、トリフミン水和剤 3,000 倍（33 g）を用いる。				
⑥	小豆大 （6月上旬～6月中旬）	べと病、黒とう病、うどんこ病、トリバ類、クビアカスカシバの発生期。 晩腐病の感染期。	ジマンダイセン水和剤 1,000 倍―100 g （収穫 45 日前までに散布） 加用ディアナ WDG 10,000 倍―10 g	300	①この時期の散布が遅れると果粉の溶脱・果粒の汚染が心配されるので注意する。 ②落花後のチャノキイロアザミウマ防除から散布間隔をあけないようにし、散布後袋かけを早く行なう。 ③チャノキイロアザミウマは袋内にも侵入するので、留め金もしっかり固定する。 ④ハマキムシ類などの追加散布として、スカウトフロアブル 2,000 倍（50cc）を用いてもよい。 ⑤うどんこ病、灰色かび病などの追加散布として、オンリーワンフロアブル 2,000 倍（50cc）を用いてもよい。
種なし栽培：第２回ジベレリン処理					

『平成 30 年度 果樹病害虫防除暦』
(JA 全農やまなし編)より抜粋

<table>
<tr><th>回数</th><th>散布時期</th><th>害虫の発生状況</th><th>薬剤と調合量
(100ℓあたり)</th><th>散布量
(10aあたり)</th><th>注意事項</th></tr>
<tr><td>⑦</td><td>袋かけ直後
(6 月下旬～
7 月上旬)</td><td>べと病の多発期。
晩腐病の感染期。
クビアカスカシバの多発期。
ブドウサビダニ、チャノキイロアザミウマの発生期。</td><td>IC ボルドー 66D
40 倍—2.5kg
または 4 − 4 式ボルドー液(硫酸銅 400 g・
生石灰 400 g)
加用コロマイト水和剤
2,000 倍—50 g</td><td>400</td><td rowspan="3">①コロマイト水和剤は、カキ、キウイフルーツの隣接園では飛散に注意する。
②カサかけ園では、これ以降は棚上散布とする。
③棚上にも十分散布する。
④この時期からチャノキイロアザミウマの密度が急に高まるので散布間隔があかないよう注意する。
⑤チャノキイロアザミウマの多い場合は、アーデントフロアブル 2,000 倍(50cc)を追加散布する。
・IC ボルドーを使用する場合には、アーデントフロアブルを先に溶かしてから、IC ボルドーを混用する。
・ボルドー液を使用する場合には、アーデントフロアブルを 10ℓ以上の水に溶かしてから、ボルドー液に加用する。
⑥病果は見つけ次第取り除き、圃場外へもち出す。</td></tr>
<tr><td>⑧</td><td>7 月中旬～下旬</td><td>チャノキイロアザミウマ、クビアカスカシバの多発期。
クワコナカイガラムシの発生期。
べと病の発生期。
さび病の感染期。</td><td>IC ボルドー 66D
40 倍—2.5kg
または 4 − 4 式ボルドー液(硫酸銅 400 g・
生石灰 400 g)
加用モスピラン顆粒水溶剤 2,000 倍—50 g
(収穫 14 日前までに散布)</td><td>400</td></tr>
<tr><td>⑨</td><td>8 月上旬～中旬</td><td>チャノキイロアザミウマの多発期。
べと病、さび病の発生が続く。
晩腐病、灰色かび病の発生期。</td><td>IC ボルドー 66D
40 倍—2.5kg
または 4 − 4 式ボルドー液(硫酸銅 400 g・
生石灰 400 g)
加用ディアナ WDG
10,000 倍—10 g</td><td>400</td></tr>
<tr><td>⑩</td><td>収穫直後
(9 月中旬～
下旬)</td><td>べと病、さび病の発生が続く。
ブドウトラカミキリの産卵期。</td><td>IC ボルドー 66D
40 倍—2.5kg
または 4 − 4 式ボルドー液(硫酸銅 400 g・
生石灰 400 g)
加用スミチオン水和剤 40
1,000 倍—100 g</td><td>400</td><td>スミチオン水和剤 40 は、カキ、リンゴ、キウイフルーツの隣接園では飛散に注意する。</td></tr>
<tr><td>⑪</td><td>10 月下旬～
11 月上旬</td><td>ブドウトラカミキリの幼虫期。</td><td>トラサイド A 乳剤
200 倍—500cc
またはラビキラー乳剤
200 倍—500cc
浸透性展着剤—別表Ⅱ</td><td>300</td><td>①隣接園に収穫前の果樹がある場合は、飛散に注意する。
②住宅隣接園では、トラカミキリ防除剤にかえてモスピラン顆粒水溶剤 2,000 倍(50 g)を 10 月中旬までに用いてもよい。
③古ヅルや新梢によくかかるように散布する。</td></tr>
</table>

別表Ⅱ 展着剤の使用方法

<table>
<tr><th>薬剤</th><th>適用作物(農薬)</th><th>湿展性</th><th>浸透性</th><th>倍率</th><th>100ℓあたりの使用量(cc)</th></tr>
<tr><td rowspan="2">アプローチ BI</td><td>果樹(殺虫剤、殺菌剤)</td><td>○</td><td>◎</td><td>1,000</td><td>100</td></tr>
<tr><td>ブドウ(フラスター、ジベレリン)</td><td>○</td><td>◎</td><td>1,000</td><td>100</td></tr>
<tr><td>サントクテン 40</td><td>果樹(殺菌剤)</td><td>◎</td><td>◎</td><td>5,000</td><td>20</td></tr>
<tr><td>サントクテン 80</td><td>果樹(殺虫剤、殺菌剤)</td><td>◎</td><td>◎</td><td>10,000</td><td>10</td></tr>
<tr><td>ハイテンパワー</td><td>果樹(殺虫剤、殺菌剤)</td><td>○～◎</td><td>○</td><td>5,000</td><td>20</td></tr>
<tr><td>ラビデン 3 S</td><td>果樹(殺虫剤、殺菌剤、植物成長調整剤)</td><td>○～◎</td><td>○</td><td>5,000</td><td>20</td></tr>
<tr><td>マイリノー</td><td>果樹(殺虫剤、殺菌剤)</td><td>○</td><td>△</td><td>10,000</td><td>10</td></tr>
<tr><td>プレイクスルー</td><td>果樹(殺虫剤、殺菌剤)</td><td>◎</td><td>△～○</td><td>10,000</td><td>10</td></tr>
</table>

防除暦●シャインマスカット

回数	散布時期	害虫の発生状況	薬剤と調合量（100ℓあたり）	散布量（10aあたり）	注意事項
晩腐病対策として果梗の切り残し・巻きひげの除去、カイガラムシ類には粗皮削りを徹底する。 越冬病害虫対策として、石灰硫黄合剤 20 倍（5ℓ）を用いる（展着剤―別表Ⅱ）。					①黒とう病にかかった枝は伝染源となるので除去し、圃場外へもち出す。 ②ブドウトラカミキリの秋防除を行なわなかった場合は、2月下旬にトラカミキリ防除剤を散布する。 ③デランフロアブルは単用散布とし、石灰硫黄合剤とは散布間隔を5日以上あける。
①	発芽前 （3月下旬）	越冬病菌・害虫 黒とう病 つる割病 晩腐病	デランフロアブル 200 倍―500cc	ℓ 300	
黒とう病対策として展葉初期にオンリーワンフロアブル 2,000 倍（50cc）を用いる（展着剤加用）。 この時期以降病斑の見られる新梢や葉は除去し、圃場外へもち出す。					
②	展葉5～6枚 （5月上旬）	べと病、黒とう病が発生し始める。 チャノキイロアザミウマ、フタテンヒメヨコバイが発生する。	ドーシャスフロアブル 2,000 倍―50cc （注）注意事項②参照 加用スカウトフロアブル 3,000 倍―33cc	300	①べと病防除のもっとも重要な時期であるから、散布開始が遅れないようにする。 ②オウトウ、スモモ、ウメの隣接園ではドーシャスフロアブルにかえて、アリエッティ水和剤 800 倍（125 g）を用いる。
べと病対策として、散布量を守り、散布間隔をあけないようにする。					①オーソサイド水和剤 80 は、スモモに薬害の発生する恐れがあるので、隣接園では飛散に注意する。 ②天候不順が予想される場合やべと病の発病初期には、ゾーベックエニケード 5,000 倍（20cc）をかけむらのないよう丁寧に散布する。ただし、散布時期が遅れると果粉の溶脱が心配されるので、開花直前までに用いる。 ③ゾーベックエニケードは、周辺に立木類がある場合は飛散しないように注意する。耐性菌の発生を防ぐため、連用を避け、年1回の使用とする。 ④クワコナカイガラムシの多い場合は、スプラサイド水和剤 1,500 倍（66 g）を用いる。ただし、立木類に薬害の発生する恐れがあるので飛散に注意する。 ⑤ミカンキイロアザミウマの多い園では除草を徹底し、開花直前にアーデントフロアブル 2,000 倍（50cc）を用いる。
③	展葉9～10枚 （5月中旬）	べと病、黒とう病、クワコナカイガラムシ、チャノキイロアザミウマ、アブラムシ類、フタテンヒメヨコバイの発生期。	オーソサイド水和剤 80 800 倍―125 g 加用モスピラン顆粒水溶剤 2,000 倍―50 g	300	
④	開花直前 （5月下旬）	べと病、灰色かび病、黒とう病、うどんこ病、クワコナカイガラムシ、チャノキイロアザミウマ、ミカンキイロアザミウマの発生期。	オーソサイド水和剤 80 800 倍―125 g 加用フルーツセイバー 1,500 倍―66cc	300	
種なし栽培：第1回ジベレリン処理（晩腐病対策として、処理後ただちにロウ引きのカサかけを行なう。）					①天候不順が予想される場合やべと病の発病初期には、ジャストフィットフロアブル 5,000 倍（20cc）をかけむらのないよう丁寧に散布する。 ②ジャストフィットフロアブルは、周辺に立木類がある場合は飛散しないように注意する。耐性菌の発生を防ぐため、連用を避け、年1回の使用とする。 ③花かすをできる限り丁寧に取り除き、灰色かび病の多い場合はスイッチ顆粒水和剤 2,000 倍（50 g）を用いる。 ④前年クビアカスカシバの被害の多い園では、小豆大までにパダン SG 水溶剤 1,500 倍（66 g）を用いる。ただし、散布時期が遅れると果粉の溶脱が心配されるので注意する。デラウェアの隣接園では飛散に注意する。 ⑤ハダニ類には、カネマイトフロアブル 1,500 倍（66cc）を追加散布する。ただし、小豆大防除でディアナ WDG にかえてコテツフロアブル（収穫 60 日前までに散布）が使用可能な場合、この時期にカネマイトフロアブルを用いなくてもよい。
⑤	落花直後 （6月上旬）	べと病、灰色かび病、黒とう病、うどんこ病の発生が多くなる。 晩腐病の感染期。 クワコナカイガラムシ、チャノキイロアザミウマ、ハダニ類、ブドウサビダニの発生期。ハマキムシ類、トリバ類、クビアカスカシバの発生が始まる。	ジマンダイセン水和剤 1,000 倍―100 g 加用コルト顆粒水和剤 3,000 倍―33 g	300	
うどんこ病対策として、トリフミン水和剤 3,000 倍（33 g）を用いる。					
⑥	小豆大 （6月上旬～中旬）	べと病、黒とう病、うどんこ病、トリバ類、クビアカスカシバの発生期。 晩腐病の感染期。	ジマンダイセン水和剤 1,000 倍―100 g （収穫 45 日前までに散布） 加用ディアナ WDG 10,000 倍―10 g	300	①この時期の散布が遅れると果粉の溶脱・果粒の汚染が心配されるので注意する。 ②落花後のチャノキイロアザミウマ防除から散布間隔をあけないようにし、散布後袋かけを早く行なう。 ③チャノキイロアザミウマは袋内にも侵入するので、留め金はしっかり固定する。 ④ディアナ WDG にかえて、コテツフロアブル 4,000 倍（25cc）を用いてもよい。ただし、収穫 60 日前までに散布する。 ⑤ハマキムシ類などの追加散布として、スカウトフロアブル 2,000 倍（50cc）を用いてもよい。 ⑥うどんこ病、灰色かび病などの追加散布として、オンリーワンフロアブル 2,000 倍（50cc）を用いてもよい。
種なし栽培：第2回ジベレリン処理					
晩腐病対策として、カサ・袋かけは早く行なう。 チャノキイロアザミウマ対策として、袋かけが遅れる場合や、前年発生の多かった園では、アドマイヤーフロアブル 5,000 倍（20cc）を追加散布する。 クビアカスカシバの多い園では、パダン SG 水溶剤 1,500 倍（66 g）をカサかけ・袋かけ後に散布する。 ただし、デラウェアの隣接園では飛散に注意する。					

著者紹介

小林 和司　（こばやし かずし）

1963 年、山梨県生まれ、島根大学農学部卒業。
1986 年山梨県入庁、1992 年から山梨県果樹試験場勤務。
現在、同試験場育種部長、主幹研究員。技術士（農業部門）。
おもにブドウの栽培、研究に従事。

写真提供

山梨県果樹試験場
山梨県果樹園芸会

基礎からわかる おいしいブドウ栽培

2019 年 9 月 10 日　　第 1 刷発行
2025 年 3 月 10 日　　第 9 刷発行

著者　小林和司

発行所　一般社団法人　農山漁村文化協会
〒 335 - 0022　埼玉県戸田市上戸田 2 - 2 - 2
電話　048（233）9351（営業）　048（233）9355（編集）
FAX　048（299）2812　振替　00120 - 3 - 144478
URL.　https://www.ruralnet.or.jp/

ISBN　978 - 4 - 540 - 16155 - 1　製作 / 條 克己
〈検印廃止〉　印刷・製本 /TOPPANクロレ（株）

定価はカバーに表示
乱丁・落丁本はお取り替えいたします